Ulrich Reber

Leitfaden der Ziergeflügelhaltung

„Du lässt uns Menschen an dem Werden
Deiner Schöpfung Anteil nehmen:
Die wandernde Wolke –
der singende Vogel –
die blühende Blume –
sie künden Dein Lob."

Chrysostomos-Liturgie

Dem Andenken an Robert Oettel (1798–1884),
dem Begründer der deutschen Rassegeflügelzucht, gewidmet.

Ulrich Reber

Leitfaden der Ziergeflügelhaltung

2., überarbeitete Auflage

Oertel+Spörer

Titelbild:
Ährenträger-Pfau, Foto: Dr. Gabriele Lehari

Bildnachweis:
Aschenbrenner: S. 85 o.; Horst Bielfeld: s. 78 o., 79 m., 88, 93, 96; Uwe Conring: S. 17, 126; Fotolia/Pinosup: S. 2/3; Torsten Hötzel: S. 40, 114 o., 115 l.o.; Erich Hoyer: S. 84 u.; Erwin Hering: S. 31, 62; H. Kaupschäfer: S. 10; Klaus Kussmann: S. 108 o., 110; Dr. Dietmar Köhler: S. 30, 78, 79 o., 81, 82 o.r., 130; Dr. Gabriele Lehari: S. 65; Dr. Lüthgen: S. 133 u., 134 o.r., 134 o.l.; Kurt Meier: S. 9, 97, 99, 102; Paul Josef Muss: S. 44, 50, 51, 52, 53, 54, 55, 57, 65, 68, 69, 70, 72, 85 u., 110, 112 o., 112 u., 115 r.o., 116 l.o., 117, 119, 120 o.l., 120 o.r., 121; Helmut Pieper: S. 95 o.r.; Rudi Proll: S. 122 o.; Dr. Heinz-Sigurd Raethel: S. 82 o.l.; Michael Reber: S. 118 u.r.; Ulrich Reber: S. 7, 11, 12, 21 o.l., 21 o.r., 27, 33 o.l., 33 o.r., 37, 39, 43, 47, 48, 104, 106, 108 u., 113, 114 u., 116 r.o., 123 o., 123 m., 124 o.l., 124 o.r., 125 u., 128, 133 o., 137; Heidi Roy: S. 26, 36, 116 m.; Fritz Schöne: S. 24, 28, 49; Elke Thomas: S. 8, 29, 91, 92 o.r., 94, 98, 100, 101 u.; Tierpark Berlin: S. 89; Anne Wehland: S. 111; Wolters: S. 66, 75, 95 o.r., 101 o., 103, 116 u., 118 u.l., 122 u.; Helmut Wrage: S. 92 o.l.; Zeininger: S. 86.

Bibliografische Information der Deutschen Nationalbibliothek
Die Deutsche Nationalbibliothek verzeichnet diese Publikation in der deutschen Nationalbibliografie; detaillierte bibliografische Daten sind im Internet über http://dnb.d-nb.de abrufbar.

Postfach 16 42 · 72706 Reutlingen

Lektorat: Martin Fuchs, Dr. Gabriele Lehari
Schrift: 9/11 p Times New Roman
DTP und Repro: Oertel+Spörer Verlags-GmbH + Co. KG, Reutlingen
Druck und Bindung: Oertel+Spörer Druck und Medien-GmbH+Co., Riederich
Printed in Germany
ISBN 978-3-88627-546-5

Inhalt

Vorwort zur 2. Auflage

Seit jeher war der Mensch von der Schönheit jener Vogelarten begeistert, die wir unter dem Begriff „Ziergeflügel“ zusammenfassen. Schon im Alten Orient gab es prächtige Gärten und Wasseranlagen mit wunderbar gestalteten und gefärbten Vögeln. Von Tenochtitlán, dem heutigen Mexiko-Stadt, ist überliefert, dass die Aztekenkaiser Parks mit prächtigem Geflügel hielten und sogar Duftgärten pflegten und anlegten, wo auf den Wassergräben prächtige Schwimmvögel gehalten wurden. Ebenso sind solche Parkanlagen aus dem alten China oder von den klassischen indischen und hinterindischen Kulturen bekannt.

Farbenprächtige Pfauen und Fasanen und wurden auch bei uns in Mitteleuropa bei den Schlössern oder Burgen gehalten. Wat- und Schwimmvögel mit buntem Gefieder belebten Teiche, Schlossgräben und Wasserspiele. Tauben mit auffälligem Strukturgefieder wurden in kleinen und größeren Schlägen gepflegt. Fasanerien und Vogelanlagen mit heimischen und fremdländischen Vögeln und exotischen Wildtauben erfreuten Potentaten und Hofleute, Bedienstete und Besucher.

Von den Höfen der Edelleute gelangten dann später auch solche Vögel in Liebhaberhände, sodass es dem „kleinen Mann“ auch möglich wurde, im bescheidenen Rahmen Ziergeflügel zu halten. Schließlich ging die Haltungsweise auf zoologische Gärten und eine breite Gefolgschaft von Liebhaberzüchtern über bis hin zu solchen Einrichtungen, die heute bedrohte Arten erhalten und nachzüchten, sodass wieder Auswilderungen vorgenommen werden können.

Der Madeira-Buchfink zeigt als Inselform Farbabweichungen im Gefieder und singt unterschiedlich im Vergleich zu den Festlandsvögeln

Dank der Bemühungen des Verlagshauses Oertel+Spörer in Reutlingen ist es möglich geworden, dieses Buch ihn einer 2. Auflage herauszubringen. Es möchte dem an Ziergeflügel Interessierten als Anregung und Anleitung für die Ziergeflügelhaltung dienen und dem Kenner manchen bemerkenswerten Hinweis geben. Vor allem aber möchte es in Bescheidenheit auf die Schönheit und Einzigartigkeit jener Teile der Vogelwelt aufmerksam machen, die wir eben als „Ziergeflügel“ im weitesten Sinne betrachten. Die unvorstellbare Vielfalt der Schöpfung ist staunenswert und tritt beim Beobachten, Halten und Züchten dieser Vogelarten immer wieder zutage.

Mosbach (Baden), im Sommer 2013

Ulrich Reber

Ziergeflügelhaltung als Liebhaberei

Die Freude an bunten Vögeln und am Geflügel hat die Menschen schon in ältesten Zeiten dazu gebracht, Tiere im und beim Haus zu halten, um sich an der Schönheit des Gefieders und der Anmut des Verhaltens zu erfreuen.

Bei vielen alten Kulturvölkern finden wir bereits Gehege mit Geflügel und Schwimmteiche mit Wasservögeln aller Art. Der Mensch verstand es auch, Fleisch, Eier, Federn und Dung des Geflügels zu nutzen. In altägyptischen Großbrütereien, die mit Mist betrieben wurden, erbrütete man bereits Zehntausende von Hühnerküken. Hühner- und Wassergeflügelküken wurden auf künstlichem Wege gleichfalls im alten China in Brütereien und Bruttöpfen ausgebrütet. Die richtige Bruttemperatur bei den Eiern wurde in der menschlichen Augenhöhle durch Spezialisten gemessen.

Schon in alten Zeiten entstanden beim Hühnervolk viele Typen und Schläge. Es

Himalajatauben in einer naturnah bepflanzten Voliere

kam sogar zur Herausbildung besonders großer oder kleiner Rassen. Bei Truten, Gänsen, Enten und Perlhühnern entstanden viele Zuchtrassen erst in jüngerer Zeit. Es bildete sich auch ein Organisationswesen auf internationaler Ebene heraus, um auf Rassegeflügelausstellungen Tiere miteinander in Wettbewerb treten zu lassen.

Ungebrochen ist der Hang des Menschen, sich mit feenhaftem Ziergeflügel zu umgeben und sich an der Haltung der Tiere zu erfreuen. Die Schönheit und Vielgestaltigkeit der Schöpfung zeigt sich aber nicht nur in der unglaublichen, oft nicht aufzunehmenden Schönheit gerade des Land- und Wasserziergeflügels allein, sondern auch im so außerordentlich interessanten und sonderbaren Verhalten der Vögel, in melodischem Stimmgebaren und in den vielfältigen Ausdrucksformen. Dabei kam auch die Haltung von Wildtauben mit ihrer Farbenpracht nie zu kurz. Nicht wenige Züchter bewahren seltene Wildgeflügel- und Wildtaubenarten, um dieses Erbgut zu erhalten. Vieles davon bedarf noch der Erforschung und Klärung. Der interessierte Ziergeflügelliebhaber kann mithelfen, Erklärungsversuche zu liefern.

Alle gehaltenen Tiere müssen als Mitgeschöpfe angesehen und behandelt werden. Nach dem Tierschutzgesetz dürfen ihnen keine Schmerzen, Leiden oder Schäden zugefügt werden. Das Geflügel muss angemessen ernährt sowie seiner Art entsprechend untergebracht und gehalten werden. Alle Vögel müssen sich auch artentsprechend bewegen können. Erst bei artgemäßer Haltung wird am Geflügel die Schönheit und Vielfalt der Schöpfung offenbar.

Von alters her werden Ziergeflügeleier als „Osterei“ verwendet, mit Symbolen bemalt und verziert. So entstanden in Europa ganze „Ostereierlandschaften“. Seit Langem schon schmückt man Brunnen und Sträuße an Ostern mit bunten Eiern.

Was versteht man unter „Ziergeflügel“?

Bei manchen dieser Arten handelt es sich um Vogelarten, die man zumindest als halb domestiziert ansehen kann, und welche wie beim Blauen Pfau, beim Goldfasan oder bei der Mandarinente bereits Mutationsformen hervorgebracht haben. Auch bei manchen Ziertäubchen, etwa bei der Diamanttaube, finden wir farbliche Abweichungen. Dagegen bildet die Hauslachtaube als Abkömmling der Afrikanischen Lachtaube eine erhebliche Anzahl an Farb- und Federvarianten aus. Ihre Haltung hat eine jahrhundertealte Tradition.

Der Sammelbegriff „Ziergeflügel“ umfasst Hühnerartige und Wildtauben sowie Wasserziergeflügel mit Gänsen und Enten. Beim Ziergeflügel unterscheidet man außerdem Land- und Wassergeflügel.

Die Aufzählung der hier genannten Vogelgruppen ist willkürlich, sie könnte erheblich erweitert werden. Die Ziergeflügelhaltung ist ein Brauch, der unendliche Zeiträume zurückreicht, weil der Mensch stets an der Haltung schönen Geflügels Gefallen hatte. Heute werden gefährdete Arten nur noch im Rahmen von Zuchtprogrammen und mit wissenschaftlicher Unterstützung von Spezialisten gehalten. Der Liebhaber beschränkt sich auf solche Arten oder Spielarten, die verhältnismäßig einfach zu pflegen und zu halten sind, die auch keine übermäßigen Anstrengungen bei der Futterbereitstellung erfordern. Dabei zieht die Haltung solcher Vogelarten, die noch nicht lange Zeitläufe hindurch akklimatisiert wurden, dann erheblichen Aufwand nach sich, wenn sie aus klimatisch extremen Zonen kommen. Auch aus diesem Grund wird man sich solchen Arten widmen, die keine aufwendigen Pflege- und Haltungsmaßnahmen erfordern.

Peposakaenten mit Jungen auf dem Grünauslauf

Die weitaus meisten Ziergeflügelarten können nur in Gehegen gehalten werden, da sie sonst entfliegen würden. Einigen dieser Vogelarten müssen artgerechte Biotopanlagen zur Verfügung gestellt werden.

Außerdem muss beachtet werden, dass in vielen Fällen die Jungvögel alsbald von ihren Eltern getrennt werden müssen und auch die Jungtiere untereinander teils häufig unverträglich sind und deshalb einzeln oder paarweise untergebracht werden müssen. Schon aus Platzgründen ist hier die Beschränkung auf ganz wenige Tiere einer Art anzuraten. Ebenso ist zu überlegen, wohin die Nachzuchten abgegeben werden sollen.

Unter den Ziergeflügelfreunden gibt es etliche, die ihre Beobachtungen veröffentlichen und wissenschaftlich mitarbeiten. Andere züchten spezielle Arten, um sie im Rahmen von Auswilderungsprogrammen unter wissenschaftlicher Leitung artenrein zur Verfügung zu stellen.

Karl Ruß schrieb, dass man „an den meisten kleinen Tauben doch viel Freude

„Schwanenrondell" bei einer Ziergeflügelausstellung in Recklinghausen

erleben" könne. „Sobald sie ruhiger und dreister werden, sind sie liebliche, harmlose Vögelchen, die Schönheit ihres Gefieders gelangt zur vollen Geltung und viele von ihnen schreiten dann unschwer zur Brut."

In der Antike glaubte man die Geschichte vom Vogel Phönix, dessen fabelhafte Schilderungen am besten auf den männlichen Goldfasan zutreffen. Die Schönheit der Fasanen begeisterte schon vor unendlich langen Zeiten die Menschen.

Organisationswesen und Tierbezug

Während man sich schon seit langen Zeiten mit *Geflügelrassen* und -typen beschäftigte, kam der eigentliche Aufschwung erst, als im Jahre 1852 Robert Oettel den „Hühnerologischen Verein" zu Görlitz gründete. Denn das erklärte Ziel dieses Vereins bestand darin, Geflügel nach bestimmten Merkmalen und Eigenheiten zu züchten und es womöglich in rassischer Hinsicht zu „verbessern". Die Ziele Oettels bekamen Hilfeleistung und Aufschwung dadurch, dass man um diese Zeit aus dem Ausland neue Geflügelrassen einführte, die nicht nur aus Holland, England, Belgien und Frankreich kamen, sondern auch aus Fernost.

Es wurden nun auch Fachzeitschriften für die Geflügelhaltung herausgegeben. Ebenso entstanden Fachbücher über die Rassegeflügelzucht und die Haltung und Zucht von *Ziergeflügel*. Bahnbrechend war unter anderem das bekannte Werk „Die Geflügelzucht" von Bruno Dürigen, das 1886 in einer 1. Auflage erschien, der noch weitere folgten. Auf diese Weise wurde das Interesse an der Geflügelhaltung allgemein geweckt.

Es entstanden Rassegeflügelzüchtervereine und es gab Ausstellungen. Am 7. März 1881 wurde der „Deutsche Geflügelzüchter-Klub" gegründet, der sich bald umbenannte in „Club deutscher und österreichisch-ungarischer Geflügelzüchter". Der Klub veranstaltete größere Ausstellungen, bis dann vom 24. bis 27. Februar 1893 die 1. Deutsche Nationale Geflügelausstellung im Kristallpalast zu Leipzig stattfand.

Im Jahre 1893 wurde der geschlossene Fußring als Kennzeichnung für die Tiere beschlossen, der ab 1894 angelegt wurde. Dadurch konnten die Vögel dauerhaft und für immer gekennzeichnet werden. Die Organisationen brachten es mit sich, dass Musterbeschreibungen oder Standards für die einzelnen Geflügelrassen als Richtschnur für den Züchter aufkamen. In der Fortentwicklung entstand der Bund Deutscher Rassegeflügelzüchter (BDRG) mit seinen Landesverbänden, den Kreisverbänden, Sonder- und Ortsvereinen.

Die lange Tradition deutscher Geflügelzüchter- und Vogelzüchtervereine wird auch deutlich, wenn Karl Ruß in seinem „Handbuch" im Jahre 1878 im Anhang ein „Verzeichnis der deutschen Brieftauben-, Geflügel- und Vogelliebhaber-Vereine" mit knapp 200 derartigen Organisationen folgen lässt.

Aufgrund des festgefügten Organisationswesens ist es heute möglich, als Züchter von Geflügel auf Ausstellungen an Wettbewerben mit seinen Tieren teilnehmen zu können und den Schauwert der eigenen Tiere von Preisrichtern bestätigt zu bekommen. Dies gilt natürlich auch für Land- und Wasserziergeflügel.

Über die örtlichen Vereine wie über Anzeigen in den Fachzeitschriften oder im „Grünen Jahrbuch" des Verlags Oertel+Spörer, Reutlingen, kommt man auch an Bezugsadressen von *Ziergeflügel oder Ziertäubchen.* Man sollte also die Nähe heimischer Züchter suchen, sich möglichst den Tierbestand beim Züchter ansehen, von dem man die Vögel beziehen möchte, auf die Tiergesundheit sehen und durch Handproben feststellen, ob das Geflügel wirklich ungezieferfrei ist.

Lebhafte Arten fliegen gerne, benötigen größere Ausläufe und viel Bewegung. Manche Arten rufen laut und oft. Ruhige, kleine Arten benötigen weniger Platz. Vogelarten mit viel Federschmuck müssen mehr gewartet und besonders sauber gehalten werden. Wassergeflügel will Schwimmwasser und unter Umständen gute Weidemöglichkeiten haben. Bei Wärme liebenden Arten ist der Aufwand mit einem beheizten Schutzhaus höher.

Ziergeflügel erfordert unter Umständen besondere Futtergaben, besonders bei der Aufzucht. Auf großen Geflügelausstellungen kann man Ziergeflügel, Zuchtbedarf, Futtersorten, Gerätschaften und Ställe in einem riesigen Angebot betrachten, sich unterrichten lassen, Beratung finden und Kontakte zu Ziergeflügelfreunden knüpfen. Es gibt ferner eine umfängliche Fachliteratur mit Abbildungen, um sich

Kinder freuen sich über den nahen Kontakt mit Küken.

entsprechend zu informieren. Die großen Geflügelausstellungen sind gleichzeitig Informationsbörsen. Vorteile von reinblütigen Arten und Rassen sind in der Hauptsache, dass man von vornherein weiß, wie die Tiere ausgewachsen aussehen, wie groß sie werden, welche Ansprüche sie haben, wie sie sich verhalten, wie sie züchten, welche Leistungen sie erbringen.

Um Bildungsaufgaben und Vergleichsmöglichkeiten zu haben, wurde am 20. Mai 1978 auf der 141. Bundesversammlung des BDRG e. V. in Mönchengladbach der „Verband der Ziergeflügelzüchter" im BDRG gegründet, sodass bereits 1979 Ziergeflügelausstellungen stattfinden konnten. In den Folgejahren fanden Bundesziergeflügelschauen im BDRG statt. Mitglied im *„Verband zur Arterhaltung von Zier-/Wildgeflügel" (VZI)* können Verbände und Vereine im BDRG, Vogelzuchtvereine und einzelne Personen werden. Der Verband gibt jährlich auch Informationshefte heraus. Der VZI betreut Fasanenarten, Wildhühner, Wachteln, Wildtauben, Ziergänse

Gemeinschaftszuchtanlage in Mosbach (Baden)

und Zierenten. Artgerechte Haltung, Erhaltung von Arten und zeitgerechter Artenschutz in der Reinheit von Arten sind Ziele des Verbandes. So lehnt der Fachverband Massenimporte von Vogelarten ab. Er verzichtet auf Wildfänge, und die Mitglieder halten ihr Ziergeflügel artenrein und lebenskräftig. Massenvermehrungen von Vögeln werden abgelehnt, dafür die Tiere artgerecht gehalten, sodass sie artenreine Nachzuchten bringen. Bedrohte Arten zu vermehren, wird als Element des zeitgerechten Artenschutzes anerkannt. Artenreinheit und die Erhaltung von Vogelarten werden als höchste Ziele angesehen, wobei das Schauwesen Bildungsaufgaben und Vergleichsmöglichkeiten erfüllt. Illegales Treiben jeglichen Vogelhandels wird geächtet. Im Übrigen sieht der Fachverband sich im Einklang mit den allgemeinen Zielen des BDRG als Dachorganisation.

Bereits am 1. April 1919 bildete sich in Weimar die „Freie Vereinigung Deutscher Ziergeflügelliebhaber", welche viermal ihren Namen änderte. Geschäftsführer war 1922 Alfred Fichtner, der auch erheblichen Anteil an der ersten deutschen Ziergeflügelschau vom 20. bis 28. September im Eiskellerpark zu Leipzig-Connewitz hatte. Auf seine Initiative ging auch die Gründung der „Zuchtgemeinschaft fremdländischer Vögel" am 26. Oktober 1952 zurück, die kurz danach „Spezialzuchtgemeinschaft Ziergeflügel und Exoten" hieß, nach 1990 dann mit dem Namen *„Vereinigung Ziergeflügel und Exoten (VZE)"* ins Vereinsregister eingetragen wurde. Im Jahre 1964 wurde dann durch Beschluss der SZG eine „Interessengemeinschaft Ziertauben" gegründet, die kurz darauf auch Freunde von Wachteln, Rebhühnern und Fasanen mit einbezog, von 1993 bis 1997 auch das Wasserziergeflügel. Heute nennt sich der Verband „Vereinigung für die Zucht und Erhaltung einheimischer und fremdländischer Vögel e.V. (VZE)" mit Sitz in Erfurt.

Selbstverständlich sind VZI und VZE Interessenten beim Tierbezug behilflich, wenn diese als Liebhaber in die Ziergeflügelhaltung einsteigen wollen. Insofern kann ein Neuling natürlich auch von VZI- bzw. VZE-Mitgliedern bei Stallbau, Haltung und Zucht von Ziergeflügel beraten und unterstützt werden.

Beringung und Kennzeichnung

Ausstellungszüchter von Rassegeflügel im Bund Deutscher Rassegeflügelzüchter (BDRG) ziehen allen Jungtieren geschlossene Ringe gleichsam als „Identitätsnachweis" auf. Junggeflügel wird von der 6. bis zur 12. Lebenswoche beringt. Individuelle Abweichungen kommen vor. Bei Hühnervögeln schiebt man beim Beringen die Vorderzehen durch den Ring, die Hinterzehe wird an den Lauf angelegt, der Ring vollends aufgezogen. Bei fünfzehigen Rassen muss frühzeitig beringt werden. Bei einigen Rassen haben die Geschlechter unterschiedliche Ringgrößen. Die Größen der Ringe sind in den jeweiligen Musterbeschreibungen festgelegt. Ringe werden bei den örtlichen Rassegeflügelzuchtvereinen bezogen, gelegentlich über die Sondervereine.

Tiere ohne Ring können weder national noch international ausgestellt und bewertet werden. Der geschlossene Ring ist gleichsam die Identitätskarte eines Tieres.

Geschlüpfte Küken kann man mit Farbklecksen oder Farbstiften sowie mit Farbringen oder Kükenmarken kennzeichnen. Diese Kennzeichnungen sind nicht dauerhaft. Ebenso kann man mit Flügelmarken kennzeichnen. Tauben im Freiflug zieht man auch Adressenringe mit der Züchteranschrift auf, um verlorene Tiere wiederzuerlangen. Um bestimmte Tiere zu kennzeichnen oder Paare herauszuerkennen und Geschlechter zu markieren, können bunte Plastikringe aufgezogen werden. Solche Kennzeichnungen müssen jedoch vor Schauen entfernt werden!

Beim Wassergeflügel kerbt und locht man die Schwimmhäute, was mit großer Vorsicht geschehen muss. Natürlich werden später dann geschlossene Ringe angelegt.

Die Mitglieder des VZI legen ihrem Ziergeflügel und den Ziertäubchen Artenschutzringe nach der Bundesartenschutzverordnung, Anlage 6, an.

Abwesenheit des Geflügelhalters

Vorausschau und Vorsorge sind vonnöten. Zunächst sollte man stets einige Futtervorräte haben und Stallabteile, Käfige oder Futtermittel in den Aufbewahrungsgefäßen gekennzeichnet haben, damit eine sofortige Übersicht erfolgen kann. Desgleichen sollte man nach Möglichkeit über mehrere Personen verfügen, die notfalls sofort zum Versorgen der Vögel einspringen können. Besonders geeignet sind natürlich Geflügelhalter, die sich ohnehin auskennen.

Wenn der Geflügelfreund im Urlaub ist, bei Krankheit und in sonstigen Fällen von Abwesenheit muss natürlich das Versorgen der Tiere weitergehen und rechtzeitig geregelt werden.

Bevor man in Urlaub fährt, ist eine solche Person umgehend zu unterrichten und einzuweisen. Telefonnummern sind auszutauschen und feste Rufzeiten zu vereinbaren. Ebenso sollte der Pfleger Anschrift und Telefonnummer des Tierarztes wissen und die Schlüssel zu allen Anlagen ausgehändigt bekommen. Während der Brut- und Aufzuchtzeit sollte man möglichst nicht verreisen.

Der Pfleger hat so lange seines Amtes zu walten, bis man ihn von der Rückkehr unterrichtet, weil die pünktliche und abgesprochene Rückkehr oftmals nicht eingehalten werden kann. Ersatzschlüssel zu den Anlagen bewahrt man zu Hause auf, um diese sofort nach der Rückkehr inspizieren zu können.

Der Pfleger muss informiert sein, dass er sich nicht unbedingt auf Automaten verlassen kann, sondern diese überwacht werden müssen.

Bau und Verhalten des Vogels

Skelett

Das Skelett der *Vögel* wird vom Flugvermögen bestimmt. Die Knochen sind sehr hart, spröde, leicht, oftmals hohl und lufthaltig. Die Luft erhalten pneumatisierte Knochen über besondere Eintrittsöffnungen von der Nasenhöhle oder von den Luftsäcken der Lunge. Das Skelett weist hohe Stabilität auf.

Beim Knochengerüst des Rumpfes unterscheidet man die Bereiche von Hals, Brust, Becken und Schwanz. Gänse besitzen bei der Halswirbelsäule 17 bis 18 Wirbel, Enten 14 oder 15 Wirbel, Hühner 13 bis 14 Wirbel. Gänse besitzen wie die Enten 9 Brustwirbel, Hühner 7. Die echten Rippen sind mit dem Brustbein verwachsen. Die Wirbel von Lenden und Kreuzteil bilden die starre Platte des Darmbeins, wo Sitzbein und Schambein als „Legeknochen" angesetzt sind. Die untere Brusthöhle begrenzt das Brustbein. An seinem Kamm sitzt die Flugmuskulatur. Das Brustbein ist mit der Wirbelsäule über die Rippen verbunden. Der Schultergürtel umfasst die Schulterblätter, die Rabenbeine und das Schlüsselbein. Hier sind die Schwingen angesetzt.

Das Flügelskelett besteht aus dem Oberarmbein und dem Unterarmbein mit Elle und Speiche. Starke Umformungen hat die Hand erfahren, weil vornehmlich hier die Anpassung an das Fliegen vorgenommen wurde. Die Handwurzel ist zurückgebildet, Mittelhandknochen ebenfalls. Auch die Finger sind verkümmert, der Daumen vorhanden. Die Schwanzwirbelsäule besteht aus etlichen Wirbeln, welche beweglich sind; hingegen sind die restlichen Wirbel zum Pygostyl verschmolzen. Bei Kaulschwänzigkeit der Hühner fehlt das Pygostyl. Es gibt eine dominante Schwanzlosigkeit, ebenso eine intermediäre bei Hühnern.

In die Beckenplatten münden die Oberschenkelknochen. Die Unterschenkelknochen bestehen aus Schien- und Wadenbein. Zwischen Oberschenkel und Unterschenkel befindet sich das Knie. Der Mittelfußknochen und einige Fußwurzelknochen bilden das Laufbein. Meist ist das Geflügel vierzehig. Fünfzehige Typen kennt man bei Hühnern. Der Hahnensporn ist ein Horngebilde, das auf einem Laufknochenzapfen aufsitzt. Doppelsporigkeit tritt bei Hennen häufiger auf als bei Hähnen. Mehrsporigkeit kennt man von alten Kampfhuhnrassen.

Das *Wassergeflügel* besitzt zwischen den Zehen Schwimmhäute. Die Farbe von Läufen, Krallen, Zehen und Schwimmhäuten oder die Lauflänge, die zum Teil bei den Haushuhnrassen Chabo und Krüper erheblich verkürzt sind, bilden wichtige Rassenmerkmale.

Beim Kopfskelett unterscheidet man Hirn- und Gesichtsschädel. Der Oberkiefer ist beweglich, was bei der Nahrungsaufnahme, beim Greifen und bei der Verteidigung wichtig ist. Ebenfalls wird die Atemluft aufgenommen und über die Nasenlöcher auch abgegeben. Hornscheiden ersetzen die Zähne.

Enten haben einen Seihschnabel. Zudem ist bei Entenvögeln noch ein Knochenspalt im Nasenbein eingebaut. Protuberanzen des Schädels kommen häufiger vor. Diese Auftreibungen gehen bei Hühnern zusammen mit der Veränderung der Nasenlöcher und Veränderungen am Gehirn einher. Schädelaufwölbung und Haubenbildung gehen wahrscheinlich auf zwei Gene zurück. Es besteht eine enge Koppelung. Die Auftreibung beeinträchtigt bei Hühnern das Reaktionsvermögen. Veränderungen der Schnabelform oder des Winkels, in welchem der Schnabel angesetzt ist, findet man öfters. Manchmal ist das ein Rassenmerkmal. Entenhauben entstehen durch eine Durchlöcherung der Schädelkapsel. Bei ihnen liegt der Haubenbildung ein Faktor zugrunde, der dominant wirkt.

Zusammen mit dem Knochengerüst bildet die Muskulatur den Bewegungsapparat, wobei zwischen glatten und quer gestreiften Muskeln zu unterscheiden ist.

Nach dem Körperbautyp und nach der Körpergröße variieren die einzelnen Geflügeltypen beträchtlich, sodass innerhalb einer Geflügelart unterschiedlich große Rassen vorkommen. Das Bankivahuhn besitzt in etwa die Größe heutiger Zwerghühner. Es erfolgte im Hausstand also eine Größenzunahme. Diese kam zustande über immer neue Mutationen, die nach und nach hinzukamen. Andererseits unterschreiten „Urzwerge" erheblich die Wildhuhngröße. Es konnte ein dominanter und ein rezessiver Faktor für Zwergenwuchs gefunden werden. Oft zeigen typische Zwerge einen verhältnismäßig großen Kopf, große Augen und einen bedeutenden Kamm, manche zudem noch Kurzbeinigkeit, kurzen Rücken, große Schwingen mit langen Schwungfedern, eine abwärts gerichtete Flügelhaltung, übertrieben keckes Auftreten und viel Temperament. Verzwergte Hühnerrassen sind niemals völlig gleiche, verkleinerte Abbilder der Großrassen. Riesenwuchs bei Hühnern ist eine Domestikationserscheinung.

Alles unterliegt allerdings auch Veränderungen zeitweiliger Art. Denn von Zugvögeln weiß man, dass diese während ihres Zuges gespeichertes Fett als Energielieferant verbrauchen. Neueste Forschungen haben ergeben, dass die Zugvögel überdies noch Organe und Muskeln abbauen und so zusätzliche Energie gewinnen, die sie während des langen Zugweges benötigen. Diese Vorgänge spielen gewiss bei ziehenden Ziergeflügelarten auch mit eine Rolle in der Haltung beim Geflügelfreund.

Sinnesorgane

Das Vogelnervensystem umfasst das zentrale, vegetative und periphere Nervensystem. An Hirnabschnitten unterscheidet man das End-, Zwischen-, Mittel-, Hinter- und Nachhirn. Von hoher Bedeutung ist das Rückenmark, das Träger zahlreicher Funktionen des Nervensystems ist.

Über die einzelnen Sinnesleistungen des Geflügels beziehungsweise der Vögel weiß man immer noch wenig. So kann anscheinend die Botentaube oder Brieftaube trotz eines kleinen Riechepithels vermutlich ausgezeichnet riechen. Geräusche können von Vögeln über Kilometerlängen wahrgenommen werden.

Vögel sind Augentiere, wobei Hühner als Buschbewohner auch ausgezeichnet hören. Hühneraugen sind auf Nähe eingestellt. Die Netzhaut (Retina) des Geflügels verfügt über zwei Stellen für ganz deutliches Sehen, Wassergeflügel besitzt gar noch eine dritte Stelle dafür. Vögel nehmen in schnelleren Abständen optische Erscheinungen wahr und sehen intensiver als der Mensch. Eine Nickhaut reinigt das Auge. Das Gesichtsfeld der Vögel ist durch die seitlich liegenden Augen sehr groß, das räumliche Sehen nur für ein kleines Gesichtsfeld möglich. Hühner sehen auf etwa 50 Meter einen Artgenossen, Puten auf 35 Meter, Enten nicht weiter als auf 80 Meter, Gänse auf 100 Meter. Vögel sehen auch UV-Licht an Blüten und Früchten in Reflexion. Nager setzen mit ihrem Urin UV-Spuren im freien Feld ab. Diese „Wegegeflechte" können wiederum Greife von oben aus der Luft sehen.

Auf der Vogelnetzhaut sind die Zapfen erheblich gleichmäßiger verteilt als bei Säugern. Und statt der drei Zapfentypen bei Säugern und auch beim Menschen besitzen viele untersuchte Vogelarten noch einen vierten Typ. Die Zapfen tragen zudem noch ein farbiges Öltröpfchen, das die Empfindlichkeit vermehrt. Die vierte Zapfenform ist im kurzwelligen, ultravioletten Bereich empfindlich.

Enten und Tauben besitzen unter anderem diesen vierten Zapfentyp. Aber vermutlich können alle Vogelarten ultraviolettes Licht sehen.

Dieser Bereich hat auch unterschiedliche Wellentypen, sodass es verschiedenartige Formen des Farbtyps gibt. Für Blütenbesucher unter den Vögeln ist das wichtig, aber auch für die Futtersuche in schattiger Umgebung von Vorteil.

So ist das weiße Schneehuhn im Winterschnee für Menschenaugen gut getarnt. Aber die UV-Reflexion von Schnee und jene der weißen Gefiederstellen der Schneehühner ist anders. Manche Partien reflektieren die Strahlen, einige jedoch nicht. Für andere Vögel, etwa Greife, sind also die „getarnten" Schneehühner ganz deutlich sichtbar.

Vögel können *polarisiertes Licht* sehen und nehmen wohl über einen Aufnahmerezeptor im rechten Auge *magnetische Feldlinien* zur Orientierung wahr.

Durch den sehr beweglichen Hals können Vögel gut herumschauen. Hühner sind vor ihrer Geschlechtsreife farbtüchtiger als später. Sie bevorzugen den roten und gelben Spektralbereich, während Gänse offensichtlich den grünen Bereich bevorzugen.

Puten reagieren stärker auf Helligkeitswerte als auf Farben, wobei die rote Farbe von ihnen am besten wahrgenommen wird. Blau kann nur wenig wahrgenommen werden. Die Rotempfindlichkeit nimmt mit dem Alter zu. Hühner zeigen ein gutes Formensehen und können Entfernungen sehr rasch feststellen. Sehr schnell geht auch augenscheinlich die Akkomodation beim Geflügel vonstatten. Bewegungen werden von Hühnern besonders aufmerksam beobachtet. Enten beachten Formen nur wenig und stehen damit im Gegensatz zu Hühnervögeln.

Dem Geflügel fehlt das äußere *Ohr* beim Gehörsinnesorgan. Das Labyrinth dient gleichzeitig zum Hören und als *Gleichgewichtsorgan.* Richtungsänderungen werden über seismische Organe wahrgenommen. Enten und Hühner sind nicht so feinhörig wie Gänse.

Eine lautliche Verständigung von Küken und Glucke vor dem Schlupf ist neben den Hühnern auch bei anderen Geflügelarten festzustellen. Truten verfügen über einige Laute, wobei der Puter sich besser lautlich ausdrücken kann. Enten bringen nur wenige Laute hervor, wobei Erpel tief und heiser ihre Stimme erschallen lassen,

Enten lauter und heller. Bei den Gänsen hat der Ganter die höhere Stimme. Hähne und Truthähne krähen beziehungsweise kollern fast immer in derselben Tonlage.

Die *taktile Empfindlichkeit* ist bedeutsam. Die Herbst'schen Lamellenkörperchen liegen besonders in der Beinhaut bei Hühnern und können Bodenschwingungen aufnehmen. Haut, Schnabelhöhle und Zunge weisen Merkel'sche Tastkörperchen auf. Im Übrigen haben Vögel auch die Grandy'schen Körperchen zur Wahrnehmung von taktilen Reizen. Besonders sind diese auch auf Zunge, Gaumen und auf der dorsalen Haut des Entenschnabels zu finden. Somit kann das Geflügel etwa Oberflächenbeschaffenheit, Höhe und Härte des Futters wahrnehmen.

Die großen Schwingen- oder Steuerfedern verstärken Außenreize, sodass diese von Tastkörperchen und wohl auch von Druckpunkten tief in der Haut wahrgenommen werden. Enten können mit dem weichen Schnabel besonders gut ihr Futter ertasten und erfühlen. Das ist auch bei tauchenden Wasservogelarten von großer Bedeutung. Der Entenschnabel ist für die weiche und feuchte Wassernahrung eingerichtet, Gänse können gut Gras ertasten und abbeißen. Hühnervögel sind tüchtig im Aufpicken von Kornfutter. Das Augenmaß für Futtergrößen, die aufgenommen werden können, scheint angeboren zu sein. Zarte, feine Pflanzen mit geringer Reißfestigkeit werden rauen, zahen Pflanzen vorgezogen. Enten reagieren anders, indem sie auch Pflanzen mit filziger Oberfläche ergreifen und fressen.

Das Geflügel besitzt *Geschmacksknospen* in der Schnabelhöhle und unter der Zunge. Jungtiere können vor Verhornung der Zunge auch mit dieser schmecken. Weitere Geschmacksaufnahmekörperchen sitzen auch im Rachen und Schlund. Angeblich können diese Vögel die vier Geschmacksqualitäten (süß, sauer, salzig und bitter) unterscheiden, wobei Hühner Bitterkeit nur wenig wahrnehmen können. Bittere Lösungen werden hingegen vom Wassergeflügel verschmäht. Saure und salzige

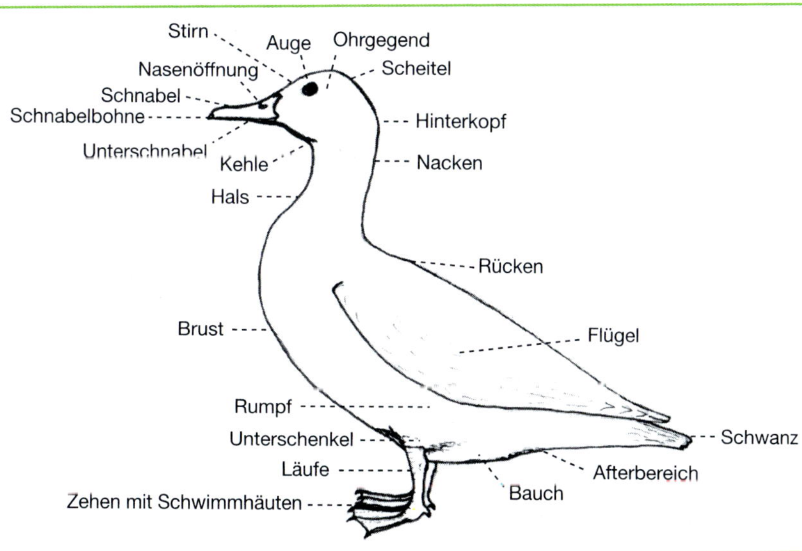

Beispiel: Körperpartien unserer Ente

Lösungen mögen Körnerfresser weniger. Saure Geschmacksrichtungen mag das Hausgeflügel nicht. Die Tiere empfinden diese offensichtlich als unangenehm. Enten sind weniger geschmacksempfindlich als Gänse. Diese Wasservögel sind aber Geschmacksreizen gegenüber empfindlicher als Hühner. Grünfutter wird entsprechend vom Wassergeflügel eingestuft. Bei Gänsen liegen die Geschmacksknospen um das Dreifache höher als bei Hühnern. Gräser werden von ihnen nach geschmacklicher Analyse unterschieden.

Hühner nehmen Gerüche hauptsächlich über das rechte Nasenloch auf wie auch Tauben, die auf diese Weise „Geruchskarten" zur Navigation erstellen. Enten sind hier leistungsfähiger und vor allem beweglicher. Dabei könnte die weit offene Gaumenspalte auch eine Rolle spielen. Der Geruchssinn von Gänsen scheint wenig entwickelt zu sein. Aber immerhin nehmen Gössel ab der 11. Lebensstunde pflanzliche Geruchsstoffe wie jene vom Dill wahr.

Über *Kälte- und Wärmesinnesorgane* beim Geflügel ist weniger bekannt. Hühner und Enten scheinen diese Reize aber auch mit Rezeptoren in der Schleimhaut von Schnabel- und Rachenhöhle wahrzunehmen. Da Vögel nicht schwitzen können, ist bei erhöhter Temperatur die Abkühlung durch das Trinkwasser wichtig. Die hohe oder niedrige Temperatur bewirkt auch Wohl- oder Unwohlbefinden. Hühner sind gegenüber Trinkwassertemperaturen von 35 bis 45 °C sehr empfindlich. Dieses Wasser ist ihnen besonders unangenehm. Enten mögen kein Wasser von 25 °C mehr aufnehmen, wenn kühleres Wasser zur Verfügung steht. Wichtig ist die Temperatur für den sich im Ei entwickelnden Embryo. Ebenso ist das Lüften und Kühlen der Bruteier oder die Luftfeuchtigkeit bei der Brut von Bedeutung. Hühner ertragen Minustemperaturen von 50 °C, Gänse von 90 °C und Enten von 100 °C.

Wenn die Sinnesorgane bei der Wahrnehmung von Reizen zusammenwirken, so ist es wichtig, welche Auswahl ein Tier trifft. Dies hängt von der Vogelart und ihrer Lebensweise ab, aber auch von psychischen Faktoren. So kann Angst oder Furcht bestimmte Sinneseindrücke verwischen. Weiterhin sind Triebhandlungen von Bedeutung, wobei Appetenzverhalten, Übersprungshandlungen, Instinkte, auslösende Mechanismen oder Schlüsselreize beobachtet werden können. Die Prägung in den sensiblen Phasen ist eine weitere Besonderheit. Auch Lernfähigkeit, Erinnerungsvermögen und Gedächtnis spielen eine große Rolle im Leben des Geflügels.

Den genauen Zeitsinn der Tiere kann jeder Geflügelfreund selbst beobachten.

Sonnenkompass, Magnetkompass und Sternkompass sind für Zugvögel wichtige Orientierungshilfen. Aber auch Infraschall wird wahrgenommen, ebenso vermutlich Windströmungen. Die vielfältigen, längst nicht ausreichend bekannten Wahrnehmungsmöglichkeiten der Vögel überraschen bei Beobachtungen den Geflügelfreund sowohl beim lange domestizierten Geflügel als auch beim weitgehend noch nicht im Hausstand lebenden Ziergeflügel und bieten faszinierende Beobachtungsmöglichkeiten.

Atmung und Verdauung

Das komplizierte Atmungssystem der *Vögel* setzt sich aus den Lungen und dem Luftsacksystem zusammen. Die Luft gelangt bis in die pneumatischen Hohlknochen, wodurch eine Gewichtsminderung und Vorteile beim Fliegen entstehen. Auch wird die Körpertemperatur dadurch reguliert. Die Nasenöffnungen sind rund, oval oder schlitzförmig. Die Nasenhöhlen sind meist geteilt, aber bei Schwimmvögeln beispielsweise nicht vollkommen.

Der Kehlkopf (Larynx) ist kapselförmig. Die hieran anschließende Luftröhre (Trachea) läuft entlang der Speiseröhre, kann aber schleifig bis in den Brustbeinkamm durchgehen, wie etwa beim Schwan. Bei Fasanen ist sie oben, bei Enten unten asymmetrisch erweitert. Beim Eintritt in den Brustraum geht die Luftröhre in die Bronchien über. An diesem Übergang findet sich der untere Kehlkopf (Syrinx), der das Stimmorgan bildet. Die Brustbeinaushöhlungen können bei Erpeln *Resonanzverstärker* der Stimmlaute sein. Instrumentallaute sind von diesen zu unterscheiden. Dies können Schnabelklappern, Pfeif- und Sirrgeräusche oder das Klingeln und Schellen bei Enten sein, die spezielle Federn ausgebildet haben, welche im Flug Geräusche erzeugen. Die Lungen (Pulmones) stellen ein Netz von Röhren dar. Die Bronchien durchziehen die ganzen Lungen als Stammbronchus. Dieser wiederum mündet in Luftsäcke, die für das Atmen von hoher Bedeutung sind. Hierdurch wird die Atemluft der Vögel doppelt ausgenutzt.

Hühner machen 12 bis 32 Atemzüge in der Minute. Beim Flug erhöht sich bei Vögeln die Atemfolge um das Zehn- bis Fünfzehnfache.

Das Vogelherz ist etwa doppelt so schwer wie jenes gleich großer Säuger. Vögel haben einen hohen Blutdruck und eine hohe Pulszahl, wobei kleinere Arten eine höhere Schlagzahl als große haben. Das Putenherz schlägt 100-mal, das Hühnerherz 280- bis 350-mal in der Minute. Der Lymphkreislauf führt Gewebsflüssigkeit als Lymphe zum Herzen zurück.

Das Verdauungssystem beteiligt das Kreislaufsystem bei der Aufnahme der verdauten Nahrung im Blut und baut Nahrungsteile zu körpereigenen Stoffen um. In der Mundhohle mit der vorgelagerten Schnabelhöhle wird das Futter durch Schleim gleitfähig gemacht. Die Zunge kann sehr verschieden geformt sein. Die Speiseröhre (Ösophagus) ist sehr dehnfähig, da das Futter verschlungen wird. Oft ist die Speiseröhre vor dem Brusthöhleneintritt zum Kropf (Ingluvies) erweitert. Bei Hühnervögeln ist der Kropf unpaarig ausgestülpt. Hühner besitzen einen echten Kropf, Wasservögel eine dehnbare Speiseröhre. Bei Hühnervögeln wird die Kropfnahrung eingespeichelt, aufgequollen und mit Fermenten aus dem Drüsenmagen vorverdaut.

Der Magen besteht aus dem Vor- oder Drüsenmagen (Proventriculus) und dem dickwandigen Muskelmagen. Der Drüsenmagen bereitet die Nahrung nur auf, während der Muskelmagen mit seiner Hornschicht, bei Gänsen mit zwei Platten, die Nahrung zerkleinert, wobei kleine Kieselsteinchen helfen. Es ist wichtig, diese Steinchen den Vögeln zu reichen.

Beim Darm unterscheidet man Dünn- und Dickdarm. Die Leber ist sehr groß. Perlhühner besitzen keine Gallenblase. Der Zwölffingerdarm (Duodenum) folgt dem Magen, worauf sich der eigentliche Dünndarm (Ileum) anschließt, dem der Dickdarm (Intestinum crassum) folgt. An der Grenze dieser Darmabschnitte münden die meist paarigen Blinddärme (Caeca), die bei Hühnervögeln oder Gänsen vergrößert sind. Die Blinddärme schließen schwer verdauliche Zellulose über Bakterien auf. Sie haben eine eigene Peristaltik und resorbieren Wasser und Eiweißabbauprodukte. Der mehr flüssige Blinddarmkot ist übel riechend. Seine Abgabe erfolgt etwa einmal auf fünf bis zehn normale Darmentleerungen beim Huhn. Der Enddarm (Rectum) ist kurz. Hier wird der Kot gesammelt und ausgetrocknet. Am Schluss des Enddarms sitzt die Kloake, die als Behälter für Harn und Kot dient, wo aber auch die Samen- beziehungsweise Eileiter münden. Die pünktliche und artgerechte Fütterung der Vögel ist bezüglich einer guten Verdauungstätigkeit von hoher Bedeutung.

Geschlechtsorgane

Die männlichen Geschlechtsorgane bilden die paarigen Hoden (Testes) in der Bauchhöhle, die zur Balzzeit erheblich vergrößert sind. Dann setzen sich auch die Nebenhoden deutlich ab, von denen der Samenleiter weggeht und im mittleren Kloakenteil mündet. Bei Gänsen oder Hühnern bildet der Samenleiter ein Samenbläschen, das zur Balzzeit gleichfalls vergrößert ist. Die Größe von Hoden, die Ausbildung und Reife von Spermatozoen, die in den Samenkanälchen entstehen, hängt nicht nur von inneren Vorgängen, sondern auch von Umweltfaktoren ab, etwa von der Lichtlänge und -menge oder von der eiweißreichen Stoß- oder Reizfütterung. Bei der Begattung pressen die beiden Partner die Kloaken aufeinander, wobei das Sperma dem Vogelweibchen übergeben wird. Erpel oder Ganter bilden einen Penis aus. Bei der Geschlechtsbestimmung von Hühnerküken wird das rudimentäre Penisorgan junger Hähnchen zur Geschlechtsbestimmung benutzt.

Bei weiblichen Vögeln sind rechter Eierstock und rechter Eileiter zurückgebildet. Wenn der linke Eierstock (Ovar) in der Legeperiode heranwächst, sieht er traubenförmig aus. Von ihm aus zieht sich der Eileiter oder „Legedarm" wie ein Schlauch zur Kloake hin. Der Eileiter hat fünf Abteilungen, nämlich den Trichter (Infundibulum), der am Eierstock beginnt, in die Tube übergeht und die Eizellen aufnimmt. Dann folgt jener Abschnitt (Pars albuminifera), der den Dotter mit Eiklar umgibt. Im Isthmus wird die klebrige Masse zur Schalenhaut gebildet und nochmals Eiklar hergestellt. Der Eihalter (Uterus) bildet mit Kalkdrüsen die Schale. Dann folgt die Schleim abgebende Scheide (Vagina), die beim Legen ausgestülpt wird.

Im Eierstock wachsen die Eier heran und bilden das Eibläschen (Follikel) heraus, das zur Eierstockoberfläche wandert. Beim Follikelsprung wird das Ei entlassen und nimmt seinen Weg in die Tube, wo die Befruchtung mit Sperma stattfindet. Nun gleitet die Eizelle im Eileiter weiter, wo die Hagelschnüre (Chalazen) an den Polen festgeheftet werden. Dann wird der Dotter von Eiklar umgeben und bekommt im Engpass die zweiblättrige Haut. Am stumpfen Pol trennen sich die Blätter und bilden die Luftkammer. Im Uterus wird die Kalkschale aus kohlensaurem Kalk und Fasern aufgebaut.

Die Schalengrundfärbung ist von den Zeichnungen wie Flecken oder Maserungen zu unterscheiden. Nun wandert das Ei mit dem spitzen Pol zuerst vorwärts durch den Eileiter und macht eine Längsdrehung. Bei Hühnern und Enten dreht es sich dann weiter so, dass es mit dem stumpfen Pol zuerst gelegt wird. Beim Huhn verbleibt das Ei ungefähr 24 Stunden im Legedarm.

Eier sind in Form, Farbe, Größe oder Schalenstruktur unterschiedlich. Eier von Rassehühnern sind meist weiß, braun oder rötlich. Sie können aber auch rosa, grün, blau, gelb, gesprenkelt oder sonst wie (mit allen Übergängen) gefärbt sein. Bei Enten kommt es vor, dass eine Rasse verschiedenfarbige Eier legt.

Perlhuhneier weisen ebenfalls unterschiedliche Zeichnungen auf. Die Schalendicke der Eier kann ebenso schwanken wie die Anzahl der Eier eines Geleges einer Art oder Rasse. Während der Brut können sich die Eier umfärben.

Die *Brutdauer* ist unterschiedlich; so brüten Warzenenten sehr lange. Nestflüchter haben oft eine längere Bebrütungszeit. So brüten Rebhühner 25 Tage, Moschusenten 35 Tage, ehe die jungen Nestflüchter schlüpfen. Die Nesthocker des Diamanttäubchens schlüpfen hingegen nach knapp 13 Tagen Brutzeit. Manchmal brüten beide Elterntiere, dann wieder nur das Vogelmännchen oder -weibchen. Bei der Felsen-

Im Freien gelegte Perlhuhneier sind oft schwer zu finden.

Die genaue Kennzeichnung der Bruteier ist für einen Züchter unerlässlich.

taube bebrüten beide Eltern das Gelege. Der afrikanische Straußenvater (Struthio camelus) besorgt das Bebrüten allein, während die einheimische Stockente sich ohne Erpel um das Ausbrüten des Geleges bekümmert. Großfußhühner zum Beispiel der Gattung Talegalla schichten Laubhaufen auf, in denen bei ständiger Umschichtung der Laubmasse die Jungvögel „ausgebrütet" werden, aus dem Haufen kriechen und fortrennen.

Die Entwicklung zum Embryo beginnt nach der Befruchtung noch im Legedarm. Die Keimscheibe wird dabei gegliedert und wächst. Dann wird das Ei vom Vogel gelegt, der Zellvermehrungsvorgang wird unterbrochen und erst durch das Bebrüten mit richtiger Temperatur und Luftfeuchte weitergeführt.

Die Jungvögel in den Eiern verständigen sich sowohl untereinander als auch mit ihrer Mutter akustisch, sodass bei Nestflüchtern oftmals ein gleichzeitiges Schlüpfen möglich wird. Mutter und Küken erkennen einander an der Stimme. Die Glucke hat also stimmlichen Kontakt noch vor dem Schlüpfen mit ihrem Nachwuchs gepflegt.

Beim Schlupf wird die Eischale mit dem Eizahn vom Küken aufgerissen. Nach dem Schlüpfen ziehen Nestflüchter meist erst noch den Dottersack ein. Diese Jungvögel besitzen ein schützendes Daunenkleid und verlassen innerhalb kurzer Zeit ihr Nest. Sie sind selbstständig und werden nicht von ihren Eltern gefüttert. Enten, Gänse sowie Schwäne können sofort schwimmen und tauchen. Dabei spielt aber das Einfetten des Gefieders eine wichtige Rolle. Nesthocker werden oft blind und hilflos geboren. Sie sind oftmals nackt und müssen von den Eltern gefüttert und gewärmt werden.

Sodann wird ihr Nest von den Altvögeln gereinigt.

Haut, Federn, Farben und Zeichnungen

Die Haut umgibt zusammen mit den Hautgebilden den Vogelkörper. Man unterscheidet dabei die Oberhaut (Epidermis), die Lederhaut (Corium) und das Unterhautfettgewebe (Subcutis). Zu den Hautgebilden zählen die Federn, die den Vogel in seiner äußeren Erscheinung besonders kennzeichnen. Der Hornschnabel, die Schuppen an den Läufen, Nägel, Sporen, Kehllappen, Ohrscheiben, Kämme, Schwielen oder Klauen sind weitere Hautgebilde. Die Haut ist Schutzhülle, Speicherorgan und Sitz von Sinnesorganen. Die genannten Hautprodukte können nicht selten als sekundäre Geschlechtsmerkmale gelten. Neben weißlicher und gelber Haut bei Haushühnern kommt z. B. bei Seidenhühnern oder Cemani-Hühnern auch dunkle Haut vor, wobei selbst die Knochenhaut und das Fleisch dunkelviolett bis völlig schwarz gefärbt sein können. Cemani-Hühner aus Indonesien sind bis zu einem halben Jahr etwas heller gefärbt. Bei ihnen ist das Federkleid schwarz mit seltsamem Farbschimmer; Haut, Kämme, Beine, Fleisch, Knochen und Eingeweide sind völlig schwarz. Die Tiere kommen mit Einfachkamm und Wulstkamm vor. Die Federn sind hart und etwas haarig bei wenig Flaum.

An wenigen Stellen kann bei Hühnern (Nackthalshühner) und Puten die Haut nackt bleiben. Bei Nackthalsigkeit kann auch eine sogenannte Krawatte vorkommen. Nackthalshühner in verschiedenen Größen, mit Normal- und Struppgefieder, fand ich zuhauf in den Hochanden, besonders in der Pampa von Anta auf 3600 Metern ü. NN in der Nähe der Inkametropole Cusco in Peru. Die Tiere zeigen dort sämtliche denkbaren Farben und Zeichnungen.

Die Federn unterscheidet man nach Kontur- oder Deckfedern (Pennae), Daunen- oder Flaumfedern (Plumae) und Fadenfedern (Filoplumae). Die Konturfedern wachsen auf den Federfluren (Pterylae). Zwischen diesen gibt es federfreie Stellen, die Federraine (Apteria). Nach ihrer Lage unterscheidet man bei den Deckfedern zum Beispiel Stirn-, Scheitel-, Kehl-, Wangen-, Rückenfedern usw. Zum Großgefieder zählt man Flügel- oder Schwungfedern, Schwanz- oder Steuerfedern. Die übrigen Federn gelten als Kleingefieder. Das Gefieder gibt dem Vogel Wärme und Isolation nach außen hin. Weiterhin kann der Vogel durch seine Federn fliegen. Durch das Gefieder erlangt der Vogel auch seine Form, Färbung oder Zeichnung. Im Handbereich unterscheidet man die meist 10 bis 12 Handschwingen oder Schwungfedern I. Ordnung. Dann folgen am Unterarm die Armschwingen oder Schwungfedern II. Ordnung. Zu den Armschwingen gehören auch die Oberarmschwingen oder Schwungfedern III. Ordnung. Bei Gänsen fehlt die zur großen, fünften Deckfeder gehörige Armschwinge. Unterschieden werden auch die Daumenfedern (Alula).

Die *Vogelfeder* entsteht aus einer Epidermispapille der Oberhaut, die sich bei Weiterentwicklung in der Lederhaut einsenkt und Coriumgewebe aufnimmt. Somit ist sie als Keimgewebe an den Nährstoffkreislauf angeschlossen, was für das Federwachstum bedeutsam ist. Beim Einsinken der Federpapille wird der taschenartige Federbalg (Follikel) gebildet, aus welchem später die fertige Feder herausragt.

Die große Konturfeder besteht aus dem Kiel (Scapus) und der Federfahne (Vexillum). Der im Federbalg steckende untere Teil des Kiels ist rund und enthält die Federseele. Er wird als Spule (Calamus) benannt. Der obere Teil des Kiels ist vierkantig, markgefüllt und heißt Schaft (Rhachis). Am axialen Schaft wachsen beidseitig die Fahnen. Viele feine Äste (Rami) gehen hier ab, welche Nebenäste oder Federstrahlen (Radii) mit kleinen Häkchen (Radioli) besitzen. Diese verhaken sich mit den Nebenästen der nachbarlichen Äste und bilden so einen fest-elastischen Zusammenhalt. Bei Seidenfiedrigkeit fehlen diese Häkchen. Als Halbdaunen bezeichnet man Zwischenformen von Konturfedern und Daunen.

Nach dem Nestlingskleid legen Vögel ein Jugendkleid, dann nach Eintritt der Geschlechtsreife ihr Alterskleid an. Durch eine *Voll-* oder *Teilmauser* wird das Gefieder verfärbt. Abgestoßenes Gefieder kann eine gewisse Umfärbung verursachen. Einige Vogelarten werfen bei der Mauser gleichzeitig alle Flugfedern ab und werden daher flugunfähig. Hühnervögel haben eine besondere Art der Schwingenmauser, sodass die Flugfähigkeit erhalten bleibt.

Das Küken besitzt zuerst neben den Armschwingen beim Erstlingsflügel die 7 bis 8 inneren Handschwingen. Wenn dann die äußeren Federn heranwachsen, werden die inneren von innen nach außen durch neue Federn ersetzt. Diese trägt der Vogel dann ein Jahr. Die Spitzenfedern sind besonders schmal und spitz zulaufend, werden aber zunächst nicht erneuert. Bei der einmaligen Jugendvollmauser der Hühnervögel werden diese beiden äußersten Handschwingen nicht ersetzt. Hand- und Armschwingen von Küken werden nach einer bestimmten Reihenfolge angelegt. Auch Tauben bleiben während des Federns flugfähig und ersetzen Schwung- und Steuerfedern in bestimmter Reihenfolge.

Bei der *Färbung der Vogelfeder* unterscheidet man die *Pigmentfarben,* bei denen Farbstoffe oder Pigmente eingelagert sind, und die *Strukturfarben,* bei denen winzige Federteilchen Strukturen aufweisen. Bei den Pigmentfarben besitzen die Gruppen der Melanine und Karotinoide große Bedeutung, während die Lipochrome das Daunengefieder der Küken bestimmen und bei der Färbung von Läufen, Schnäbeln und Haut eine Rolle spielen. Die Strukturfarben sorgen für Glanz und Schiller. Die optische Brechung wie der veränderte Federstrahlenbau sorgen für Lichtreflexionen und weitere farbliche Differenzierung. Pigmentfarben mit streuenden Strukturkomponenten in den Federn lassen die Gefiederfarben fluoreszieren. Eine Unzahl von Farbe erzeugenden Mikrostrukturen bei den Federn hat Einfluss auf die gezeigten Farben. Sowohl Interferenz als auch die schon genannte Lichtstreuung oder Dispersion an diesen Strukturen bringen Schiller hervor, und Nichtschiller zeitigt den Tyndalleffekt, die Streuung kleinster Teichen. Federstrahlen mit Veränderungen lassen den Glanz an Hahnen- und Taubenhälsen entstehen. Strukturen mit Hohlräumen in Federästen bringen Schiller durch *Lichtbrechung* hervor. Pfauenfedern weisen besonders komplizierte Feinstrukturen in den Federstrahlen auf. Feinstrukturen in den Federn lassen auch weißes Gefieder entstehen, weil alle Wellenlängen reflektiert werden. Allerdings können Vögel durch ihre bessere Farbtüchtigkeit infolge der *UV-Reflexion* mindestens Gefiederteile deutlich farbig sehen, die wir nur weiß wahrnehmen.

Die Bedeutung der Farben des Vogelgefieders für die Vögel selbst hat einmal die Wirkung von Signalen, dann aber auch die Bedeutung als Tarnung. Es gibt darüber hinaus noch andere Eigenschaften. So gewähren dunkle Federn *Schutz vor UV-Strahlung.* Melanine und Karotinoide *schützen vor Bakterien,* was für Vögel in feuchtheißen tropischen Erdzonen von Vorteil ist.

Pfauenhennen wählen denjenigen Hahn aus, der das größte und farbenprächtigste Rad schlagen kann, weil ihnen das ein Zeichen besonderer Gesundheit zu sein scheint. Denn nur ein vollständig gesunder, kräftiger Hahn kann ein solch prächtiges Gefieder zeigen und „lohnt“ somit den Aufwand für eine Brut. Schon Charles Darwin fand heraus, dass die Pfauhennen das männliche Tier „wählen“. Herrlicher Farbenschmuck zeigt dem Geschlechtspartner an, dass der Träger für sein eigenes Überleben in der Wildnis mit einem guten *Immunsystem* ausgestattet ist und darüber hinaus noch überschüssige Farben erzeugen und einsetzen kann. Bei manchen Vogelarten geben besonders ausgeprägte Farbpunkte und Schmuckflecken überlegene Stärke an. Allerdings haben Untersuchungen gezeigt, dass durchaus nicht immer die deutlicher gefärbten Tiere einer Art die gesünderen sind. Dies bedeutet, dass der farbliche Ausdruck noch weit mehr Einsatzmöglichkeiten hat. Bei weiblichen Vögeln sind die farblichen Signale weniger ausgeprägt. Viele Bedeutungen, vor allem Wirkungen bei der Partnerauswahl, haben UV-Reflexionen des Gefieders. Für uns völlig unauffällig gefärbte Vögel reflektieren UV-Licht, bisweilen die Männchen vermehrt. Ältere Tiere oder solche mit abgestoßenem Gefieder können *unterschiedlich* UV-Licht reflektieren.

UV-Licht spielt auch bei der Nahrungssuche eine Rolle und ist als besondere Farbwahrnehmung vergleichbar mit der roten Fluoreszenz bei Fischen und Korallen. Auch bei Begegnungen mit fremden Vogelarten wie im Gemeinschaftsleben mit Tieren der eigenen Art, beim Zusammenfinden in großen Schwärmen oder bei der Jungvogelaufzucht sind Farben und Farbmuster wichtig. Bei etlichen Vogelarten gibt es *Rachenmuster* oder farbliche Wülste bei Jungvögeln in dunklen Nestern, die sogar leuchten können. Erpel zeigen bei der Balz die Spiegelzeichnung im Flügel. Jungtiere besitzen häufig ein *Tarnkleid,* und junge Vogelmännchen sind oft wie ihre Mutter unauffällig gefärbt, um nicht von älteren Männchen als Konkurrenz wahrgenommen zu werden.

Kopfmerkmale

Während beim Perlhuhn die Kopfmerkmale im Großen und Ganzen der Wildform entsprechen, haben wir beim Truthuhn *Fleischzapfen*, Kehlwamme und Fleischwarzen. An der Brust sitzt ein Haarbüschel, das vielleicht bei der Begattung *taktile Reize* übermittelt. Bei Enten und Gänsen kommen veränderte Schnabelformen vor. In der Rassenzucht hat die Bohne bei den Erpeln oft eine große Bedeutung, da sie farblich unterschiedlich sein kann. Oft ist der Schnabel

Helmform und Kehllappen dienen bei Perlhühnern zur Geschlechtsbestimmung.

bei den einzelnen Haustierrassen verschiedenartig angesetzt. So tragen Höckergänse z.B. einen Stirnhöcker. Auch Halsrillen kommen vor. Die Augenfarbe kann bei den verschiedenen Rassen des Land- und Wassergeflügels unterschiedlich sein. Bei Enten und Gänsen sind oftmals ausgeprägte Backen ein Rassenmerkmal.

Verhalten

Der interessierte Ziergeflügelfreund hat auch die Möglichkeit, das Ausdrucksverhalten seiner Tiere zu studieren. Dieses beginnt bei *stimmlichen und instrumentalen Lautäußerungen* der einzelnen Vogelarten. Denn Töne und Tonfolgen können nicht nur über Rufe, Gesangsfolgen usw. hervorgebracht werden, sondern auch durch Trommelwirbel wie beim Specht an den Bäumen, durch Aufstampfen der Füße oder im Flug durch besonders geformte Federn, wie das bei Schwänen oder Enten der Fall ist.

Manche Vogelarten wie z. B. Buchfinken singen in „Dialekten“ und variieren ihren Gesang je nach Klima, Belaubung und sonstigen sich wandelnden akustischen Bedingungen. Im *Ausdrucksverhalten* kann man Ablösemechanismen, Beschwichtigungsgebärden, Auslöser, Drohgebärden, ritualisiertes Kampfverhalten, Imponierverhalten, Leerlaufreaktionen, Übersprungsbewegungen und andere Verhaltensweisen bis hin zur Prägung der Küken beobachten.

Paarsingen und paarweises Rufen kommen beim Ziergeflügel vor. Auch von mittel- und südamerikanischen Wachteln kennt man den Duettgesang der Paare.

Die Verhaltensweisen beim Ziergeflügel und beim Hausgeflügel sind artabhängig und genetisch festgelegt. Sie können von der Umwelt beeinflusst werden. Die Tiere müssen also artgerecht und verhaltensgemäß untergebracht und gepflegt werden, dann kann man dies alles beobachten. In der Regel handelt es sich beim Geflügel um Gemeinschaftstiere. Das Verhalten wird zunächst von Instinkten bestimmt, worunter man organisierte nervöse Mechanismen zu verstehen hat, die auf vorwarnende, auslösende oder richtende innere oder äußere Impulse ansprechen, die mit koordinierten, lebens- und arterhaltenden Bewegungen beantwortet werden. Der angeborene Auslösemechanismus wird durch *Schlüsselreize* ausgelöst. Gehirnstrukturen bringen bei Reizung mit bestimmten Kombinationen von Schlüsselreizen einen ganzen Mechanismus zum Ablaufen. Richtende Reize ermöglichen die Raumorientierung. Auch innere Faktoren geben eine Bereitschaft zu bestimmtem Handeln vor. Dies können innere Sinnesreize, Hormone, innere, automatische rhythmische Impulse sein. Eine „innere Uhr" kann beispielsweise innere Rhythmen anzeigen. Instinkthandlungen können aber auch im Leerlauf gezeigt werden.

Als *Appetenzverhalten* bezeichnet man das Suchen nach einer triebverzehrenden Handlung, der Endhandlung.

Übersprungshandlungen sind angeborene, häufig ritualisierte Verhaltensweisen, wobei zwei Triebe miteinander ringen, die Endhandlung ausführen zu können. Die äußere Lage reicht aber noch nicht aus. Diese Handlungen zeichnen sich durch Starrheit aus.

Tiere sind auch lernfähig. Durch Lernen wird das angeborene Verhalten durch äußere Einflüsse für einige Zeit verändert. In sensiblen Phasen erfährt das Geflügel eine sogenannte Prägung. Diese Phasen liegen für Hühnerküken etwa 9 bis 20 Stunden nach dem Schlupf. Junge Graugänse folgen demjenigen Lebewesen, das sie zuerst nach dem Schlüpfen sehen. Bei Naturbrut nehmen die Küken im Ei mit der Glucke und ihren Geschwistern lange vor dem Schlüpfen *akustischen Kontakt* auf. Die Laute der Glucke beeinflussen zum Beispiel junge Entenküken derartig, dass sie nach dem Schlupf einer Amme folgen, wenn sie von einer Pute oder Henne ausgebrütet wurden. Mit ihren „fremden" Entenmüttern wollen sie dann nichts zu tun haben. Entenküken kann man dazu bringen, in der Prägephase irgendwelchen Attrappen zu folgen. Beim Anschluss an Gefährten allerdings erlahmt die Bereitschaft, der Nachbildung zu folgen.

Wichtige Verhaltensmuster können beim Sozial- oder Sexualverhalten, bei der Bewegung und beim Ruhen, bei der Nahrungsaufnahme oder beim Komfortverhalten beobachtet werden. Die einzelnen Verhaltensmuster stellen Komplexe dar, die man in unterschiedliche Merkmale einteilen kann. Je nach Art können sie recht verschieden sein.

Beim Leben draußen und in der Gemeinschaft zeigen Enten kaum Bindungen an ihr Revier. Sie unterhalten auch wenig persönliche Bindungen zu den Gruppengefährten. Nachdem allerdings die weibliche Ente gebrütet hat, bildet sie mit ihren Küken eine vaterlose Familie. Sie endet, wenn die Jungtiere geschlechtsreif werden.

Die Chabo-Glucke erbrütete und führt diese Bahamaentenküken.

Auch Gänse zeigen wenig Revierbindung, da sie sehr flugtüchtig sind. Natürlicherweise leben sie in Einehe, nur seit der Haustierhaltung ist das bei Rassegänsen anders. Zusammen mit den Gösseln bilden die beiden Elterntiere dann eine Familie.

Auf aufgeregte Warnrufe der Glucke reagiert ein Küken schon im Ei. Bei Hühner- und Entenküken gibt es eine Synchronisation des Schlupfvorganges, indem die Küken sich nach den benachbarten Geschwistern im Ei richten, den Schlupf beschleunigen oder verlangsamen.

Puten lassen sich schwerer an einen Stall gewöhnen und übernachten gerne auf Bäumen. Da die weiblichen Puten in einer ziemlich festen Rangordnung leben, schließen sich Einzeltiere ohne Weiteres zum Beispiel Hühnern an. Dagegen kennen Hühner ein festes Revier und die Bindung an ihre Genossen. Dabei ist der Stall sozusagen ruhender Pol, um den sich im Hühnerleben alles dreht. Je weiter die Hühner sich vom Stall entfernen, umso unsicherer werden sie. Auch Hühner leben in einer festen Rangordnung.

Kleine Hühnerküken hören die *Glucklaute* ihrer Mutter vor dem Schlupf und beantworten sie wenige Stunden vor dem Schlupf.

Gössel beschleunigen den Schlupf, „jammern“ aber bei Schlupfschwierigkeiten, sodass die brütende Gans darauf aufmerksam wird. Putenküken piepsen vor dem Schlupf, was bewirkt, dass die brütende Trute die Jungen nicht tothackt.

Im Allgemeinen nehmen Hühnerglucken gleichaltrige fremde Küken nur am ersten Tag an. Wenn die Hühnerküken selbstständiger werden, löst sich langsam die Familie auf, bis die Tiere dann mit fünf Wochen alleine bleiben. Werden Hühnerküken künstlich erbrütet, so nimmt die Gemeinschaft die Stelle der Glucke an. Die Küken klagen einige Tage, weil sie unterschlüpfen wollen. Die *Fühlungslaute* zu Mutter und Geschwistern wie die Antwort der Glucke und auch des Vatertiers halten die Geflügelküken in der Familie fest. Selbstständig gewordene Hühnerküken kämpfen zunächst spielerisch, dann heftiger. Am Ende steht die starre *Rangordnung* der Hühner, wobei das Alpha-Tier die Spitze einnimmt, das Omega-Tier den Schluss als „Prügelknabe“ bildet. Kommt ein Hahn in eine Hennengesellschaft, so übernimmt er sofort die Führung der Herde.

Puten bilden Rangordnungen nach männlichen und weiblichen Tieren getrennt aus, wobei Truthähne mehr prahlen, während die Puten stabilere Ordnungen bilden und sehr nachhaltig die Rivalinnen an ihre Führungsstellung „erinnern“.

Entenküken sind unleidlich gegenüber jüngeren Küken ihrer Art, weshalb man nur gleichaltrige Entenküken in einer Herde aufziehen kann. Alsbald liegen die Küken in einem bestimmten Abstand voneinander, wie diesen ja auch erwachsene

Enten einhalten. Gössel legen die Rangordnung in den ersten Tagen fest. Später führt dann der stärkste Ganter die Herde.

Das eigene *Aggressionsverhalten* ermöglicht es dem Individuum, sich unter seinesgleichen durchzusetzen und gewisse „Vorrechte“ zu genießen. Dabei kämpfen die einzelnen Geflügelarten sehr unterschiedlich. Es gibt hierbei aber auch rasseeigene Unterschiede. Selbst bei verschiedenen Farbenschlägen einer Rasse, bei Linien und Stämmen kann der Aggressionstrieb stärker oder weniger stark ausgeprägt sein. Vor allem früher wurde der Kampfestrieb ausgenutzt, sodass Hahnenkämpfe, Ganterkämpfe, Wachtelkämpfe oder Taubenkämpfe mit Kampftauben stattfanden.

Das Wassergeflügel bekämpft sich sehr unterschiedlich. Auf dem Wasser ermüdete Erpel können an Land sogar im Sitzen weiterkämpfen. Ganter beißen und schlagen mit den Schwingen. Puten kämpfen in beiden Geschlechtern gleich mit roten Köpfen und langen Fleischzapfen, gelüfteten Schwingen und unter Radschlagen. Sie springen dem Gegner mit den Füßen vor die Brust und versuchen, in die Fleischteile des Kopfes zu beißen. Eine Demutshaltung ist das Einziehen des Fleischzapfens am Haupt.

Sobald Hühner geschlechtsreif werden, kämpfen in gemischten Herden Hähne und Hennen. In Jungtierherden mit Hennen drohen sich die Tiere an und kämpfen dann wild miteinander. Hier entscheiden dann Mut, Tapferkeit, Täuschung, frühe Ermüdung oder Feigheit den Kampf, wobei im eigenen Revier mutiger gekämpft wird, fremde Tiere sich unsicher zeigen und eher aufgeben. Dadurch wird eine *Hackordnung* festgelegt. Nimmt man beispielsweise einen Fresstrog, so frisst am „besten“ Trogende das „Oberhuhn“, während am „untersten“ Ende des Trogs scheu, immer fluchtbereit und zur Demut geneigt, das Omega-Huhn sein Futter aufnimmt. Bei den Sitzstangen ist es genauso: Die Hennen sitzen in strenger Rangordnung, abends schleicht sich dann das Omega-Tier als letztes Huhn auf die Stangen. Bei beispielsweise acht Hennen darf das Alpha-Tier und damit die Nr. 1 alle andern Hennen ungestraft wegbeißen und wegpicken. Das zweitstärkste Tier, somit die Nr. 2, nimmt zwar von Nr. 1 die Prügel hin, hackt aber seinerseits den Rest der Gesellschaft. Schlussendlich muss sich Nr. 7 das Weghacken von Nr. 1 bis 6 gefallen lassen, darf aber selbst nur die Nr. 8, also den Prügelknaben, weghacken. Diese festgefügte Ordnung hat den Vorteil, dass nicht ständig immer neue Kräfte durch das Festlegen einer neuen Ordnung verlorengehen

Beim *Balzverhalten* ist das Hausgeflügel gegenüber den Stammformen verarmt, allerdings werben Haushühner ausführlicher, Wassergeflügel abgeschwächt zur Wildform. Stockenten als Stammform haben ein sehr ausgeprägtes Sexualverhalten. Die Moschusente besitzt ein völlig abweichendes Verhalten dazu. Das hat sich auf die Warzenenten als Haustierform übertragen. Die übrigen Hausentenras-

Diese Gänse verteidigen ihre Gössel.

sen als Abkömmlinge der Stockenten zeigen nur noch den schwachen Abglanz des einstigen Wildtierverhaltens. Das *zunehmende Tageslicht* im Frühling und hormonelle Ausschüttungen entfachen die sexuelle Aktivität.

Auch bei Hausgänsen ist das Sexualverhalten gegenüber dem der wilden Graugans verarmt. Kanadagänse zeigen oft noch ein abweichendes Verhalten. Durch die Haustierwerdung ist das monogame Sexualverhalten der Graugans bei Hausgänsen zur Polygamie geworden. Ebenso werden Hausganter bereits einjährig geschlechtsreif. Erhalten geblieben ist in der Werbung des Ganters das Wichtigtun. Der Ganter versucht dann, eine bestimmte Gans auf sich aufmerksam zu machen, nimmt Futterbrocken auf und hält sich neben ihr. Die Gans nimmt ebenfalls Steinchen oder Brocken auf, bis beide Vögel sich die Hälse gegenseitig auflegen und sich kraulen. Dann duckt sich die Gans zum Begatten hin.

Puten haben das Balzverhalten im Hausstand nicht sonderlich verändert. Der Puter balzt und schlägt ein Rad, während die Hennen, die paarungswillig sind, herbeikommen, bis sich eine Henne vor dem Truter auf den Boden legt, woraufhin dann der Puter die Henne begattet. Bei mehreren

Balzrituale bei jungen Kupferputen

Hähnen im Herdenverband kommt es oft zu Störungen durch andere Hähne. Schwere Hähne können die Truthennen beim Tretakt verletzen. Rassenzüchter halten Puten in nicht zu großen Herden mit nur einem Hahn. Truthähne werden im Alter von etwa 8 bis 10 Monaten paarungsbereit, Spätbruthähne später. Truthennen sind nach einem Tretakt etwa fünf Tage lang gegenüber den Werbungen eines Truthahns verschlossen.

Alles Geflügel liebt den *Freilauf* draußen. Das Wassergeflügel fühlt sich nur dann wohl, wenn es aufs *Schwimmwasser* kann. Das tut auch seinem Gefieder gut. Die Begattung ist unterschiedlich: Manche Rassen treten nur dann gut, wenn sie aufs Wasser können. Das gilt für Enten und Gänse gleichermaßen. Die weibliche Ente fordert dabei durch Schnabeleintauchen ins Wasser auf.

Mit ihren langen Beinen legen Puten in Ausläufen große Strecken zurück. Perlhühner streunen gerne umher und halten sich in Gebüschen auf. Sie warnen übrigens auch anderes Geflügel vor Greifen. Ebenfalls fordern Perlhühner nicht selten mit durchdringenden Rufen ihr Futter an, wenn dieses nicht pünktlich gereicht wird. Hühner lieben gleichfalls die Weite der Ausläufe. In den Ruhepausen treiben die Tiere Gefiederpflege. Hühner, Puten und Wachteln lieben *Sandbäder.* Den Kopf *kratzen* sich Hühner „vorneherum“, also am Flügel vorbei, wie die meisten Vögel. Bei Singvögeln ist das anders; sie kratzen sich „hintenherum“.

In großen Ausläufen wird häufig allerhand Geflügel zusammen gehalten. Gänse setzen sich dann sehr schnell durch. Auch Puten werden infolge ihrer harten Kampfesweise alsbald respektiert. Perlhühner beißen Haushühner häufig weg. Haushähne gehen gegen Enten an, aber schwere Erpel der Warzenenten wissen sich oft gut zu wehren. Auch Fasanen sind sehr wehrhaft, vor allem die Hähne. Durch ihr unterschiedliches Bewegungs- und Ruheverhalten jedoch trennen sich oft die einzelnen Geflügelarten nach Gruppen, wenn der Auslauf groß genug ist.

Die *Gefiederpflege* nimmt einen großen Raum ein. Wassergeflügel ordnet nach dem Wassergang das Gefieder und fettet es ein, wobei das Bürzeldrüsensekret verstrichen wird. Das tägliche Bad ist für Wasservögel von erheblicher Bedeutung. Es fördert das Befinden und die Gefiederbeschaffenheit, wie es das Sandbad bei Hühnern, Wachteln oder Puten tut. Bei Gänsen und Warzenenten kann man das sogenannte Trockenbaden beobachten. Während Enten und Gänse ihr Gefieder infolge des breiteren Schnabels mehr glättend durchziehen, können die Landvögel mit ihrem spitzigen Schnabel das Gefieder sehr genau durchgehen und einzelne Federn und Hautpartien besonders gut durchsuchen und behandeln.

An den Stall stellt das Wassergeflügel nur geringe Ansprüche; es will allerdings trocken sitzen. Allem Geflügel ist Frischluft zuträglich und wichtig, Stalldunst ist zu vermeiden. Bei Hühnern und Hühnervögeln ist bezüglich des Stalles mehr Aufwand zu betreiben. Fasanen und Pfauen brauchen wegen der langen Stoßfedern und Schleppen hoch angebrachte Sitzstangen, die weit genug von Wänden entfernt sind. Bei Hühnern bringt man die Sitzstangen in gleicher Höhe an, weil sich andernfalls der Drang der sozial höher gestellten Tiere darin äußern würde, die höchsten Stangen zu besetzen.

Nester müssen artgerecht angeboten werden. Geflügel fühlt sich nur dann wohl, wenn Stall, Nistgelegenheiten, Scharrraum oder Einstreu ihnen angemessen sind, sodass jede Geflügelart das Zusagende vorfindet. Im Allgemeinen geht Geflügel am Spätnachmittag und damit recht früh in den Stall. Die Tiere sind sehr früh am Morgen wieder munter. Das Fortpflanzungs- und Legeverhalten kann mit *Beleuchtungsprogrammen* beeinflusst werden. Nach der Nachtruhe nimmt die erneute Nahrungssuche am Tagesbeginn viel Raum ein. Gänse gehen als gute Weidetiere auf die Grasflächen, aber auch auf Stoppeläcker, während Enten gern ihr Futter (kleines Wassergetier) auf dem Schwimmwasser suchen. Einschränkungen der Bewegungsfreiheit und Trockenhaltung beim Wassergeflügel sagen den Tieren also keineswegs zu. Sie tauchen dabei auch gerne. Hühnervögel fressen nicht nur das Grün in den Ausläufen. Sie finden hier auch viel Kerbtiernahrung.

Gefiederpflege, wie hier bei Schneegänsen, ist für alles Wassergeflügel lebenswichtig.

Geflügel aus warmen und warmfeuchten sowie aus heißen Zonen der Erde kann im Allgemeinen nur in Gehegen mit anschließenden Schutzräumen und Stallungen gehalten werden, die während der kalten Jahreszeit beheizt werden oder wo auch die Luftfeuchtigkeit angehoben werden kann. Auch für die Zucht solcher Vögel ist das von Bedeutung. Meeresvögel benötigen meist eine spezielle Ernährung, die einigen Aufwand erfordert.

Allgemeine Fütterungsgrundsätze

Futtersorten und Tränkung

In der Ziergeflügelhaltung spielen Körner, Sämereien, Grünfutter, Wurzel- und Knollenfrüchte, Obst und Beeren eine große Rolle. Daneben müssen Wirkstoffe, Zusatzstoffe, Vitamine und Wasser gereicht werden. Außerdem kommt eine Unzahl an speziellen Futtersorten hinzu, wie etwa animalisches Futter.

Bei den Körnersorten spielen alle Getreidekörner, ganz, gebrochen oder geschält, eine Hauptrolle. Dazu kommen Kleinsämereien wie Hanf, Glanz, Mohn, Gräser- und Kräutersamen, Samen von Gehölzen und Bäumen oder Hirsearten.

Bei den Wurzel- und Knollenfrüchten haben wir dann Kartoffeln (in gedämpftem Zustand), Rote Bete, Wruken, Möhren, Runkelrüben oder Zuckerrüben. Besonders bedeutsam ist Grünfutter.

Je nach Jahreszeit, Aufzuchtperiode, Ruhezeit oder Mauser muss ein anderes Futter gereicht werden.

In der Geflügelfütterung gibt man heute meist ein Markenfutter als Mischfutter für den jeweiligen Bedarf, also beispielsweise als Zuchtfutter oder als Aufzuchtfutter. *Hühnern* und Verwandten reicht man vielfach ein *Alleinfutter.* Dies besteht aus dem benötigten Legemehl und einer Körnermischung in Mehlform. Beide Bestandteile sind vermischt und zu Korn gepresst. Diese Fütterungsart spart Aufwand.

In gesonderten Gefäßen reicht man Grit, kleine Steinchen oder gestoßene Muschelschalen.

Wenn Alleinfutter vorgesetzt wird, besteht natürlich ein erhöhter Trinkwasserbedarf.

Man reicht stets frisches Futter und nimmt Restfutter weg. Wenn Futter liegen bleibt, ist die nachfolgende Ration etwas zu kürzen. Die Fütterung muss sich am jeweiligen Leistungsstand ausrichten, sodass die richtigen Mischungen und Mengen gereicht werden. Das verhindert auch Maststerilität.

Beim Reichen von Alleinfuttermitteln werden sowohl der Nährstoffbedarf der Vögel als auch die Menge und Auswahl der benötigten Wirkstoffe abgedeckt. Ergänzungsfuttersorten bringen nur Gehalte an bestimmten Stoffen mit einem Körnerfutter in Verbindung. Die Futtermittelindustrie bietet neben Startersorten für Küken oder selbstständig gewordene Küken Aufzuchtfuttermittel für Junggeflügel, Misch-

Futtergefäß und Stülptränke für Wachteln im Aufzuchtkäfig

futter für Stämme, Mischfutter für Legehennen, pelletierte Alleinfuttersorten für alle möglichen Zwecke, Körnerfutter für bestimmte Zwecke und Körnermischungen mit Garnelen und Muschelschalen an. Ebenso gibt es Spezialmischungen für die Zeit vor der Anpaarung, die man 14 Tage zuvor als Stoßfütterung anbietet. Auch gibt es Alleinfutter zur Ausstellungsvorbereitung. Ebenso kennt man Ziergeflügelstarterfutter oder Ziergeflügelzuchtfutter. Viele Alleinfuttersorten sind für Gänse, Enten und für das Ziergeflügel gedacht. Entsprechend gibt es ebenfalls für Puten die bewährten Futtermittel im Fachhandel. Die Futtermittel können mit oder ohne Kokzidiostatika oder sonstige Medikamente erworben werden.

Puten decken den hohen Grünfutterbedarf im Weideauslauf. Dann können abends Körner beigefüttert werden.

Für sehr kleines Ziergeflügel und vor allem für Täubchen kommen Sämereien, Animalien, Beeren sowie Früchte infrage, aber auch Eifutter, Quark, Fisch, kleine Insekten oder Waffelbruch.

Wichtig sind stets Beigaben von Mineralien und speziell auch von Vitaminen. Viele Wirkstoffe können über das Grünfutter und Samenstände verschiedener Reifezustände zugeführt werden. Auch knospenbesetzte, ungespritzte Zweige spielen bei der Fütterung eine Rolle.

Wilde *Helmperlhühner* verzehren Insekten, Würmchen, Schnecken, Körner und Samen, Beeren, Knospen, junges Laub sowie frisches Gras.

Pfauen fressen im Wildleben Samen, Beeren und Früchte, kleine Wirbeltiere oder Insekten.

Die Standardkörnermischung für die meisten *Fasanen* enthält Weizen, Hirse, Gerste, Glanz und Hafer. Weichfutter für Fasanen enthält eine Mischung von Kükenaufzuchtfutter, Putenzuchtfutter und Legehennenmischungen, die man mit Getrei-

Fütterungszeit für die Blauen Ohrfasanen

deschroten, Mineralstoffmischungen und Quark, Buttermilch, Eiern, Obst, Gemüsesorten und kleinen gekochten Fleischabfällen anreichert.

Das Futter wird jeweils der Jahreszeit und damit den Bedürfnissen angepasst. Küken bekommen Kükenstarter- oder Putenstarterfutter, das mit etwa 10 % an tierischem Eiweiß angereichert ist.

Wildtäubchen fressen kleine Körnergemische, Sämereien und ein Gemisch, das aus Rassetaubenfutter für kleinschnäblige Rassen, Exoten- und Waldvogelfutter besteht. Hinzu kommen Hülsenfrüchte, Grünfutter, Beeren und Früchte. Für die verschiedenen Arten wird das Futter abgewandelt. Etliche Arten fressen auch animalische Kost, etwa Regenwürmer, Mehlwürmer, kleine Schnecken, Ameisenpuppen sowie Waffelbruch oder jungen Käse. Mineralien, Grit, Vitamine sind notwendige Beigaben, ebenso kleine Steinchen. Manches Aquarien- und Terrarienfutter ist als animalische Kost für Ziertauben geeignet. Sehr kleine Arten, etwa Diamanttäubchen oder Sperlingstäubchen, fressen Kanarien- und Wellensittichfutter, das mit

Waldvogelfutter ergänzt wird. Tamburintäubchen erhalten mehr Hanf. Zur Legezeit muss viel Kalk, Grit usw. gereicht werden.

Als Trinkgefäße wählt man solche, die nicht verschmutzt werden können. Sie gibt es für die Heimvogelzucht in vielen Ausfertigungen. Flache, glasierte Tongefäße können mit überschlagen warmem Badewasser hingestellt werden.

Beim *Wasserziergeflügel* sind die meisten Arten Allesfresser. Aber viele dieser Vogelarten nehmen jahreszeitlich unterschiedliches Futter auf. Futtergemische bestehen aus gekochten Kartoffeln, Fischmehl, Weizenkleie, gequetschtem Mais und ebensolcher Gerste und eingeweichtem Brot. Alles wird dann noch mit Futterkalk und Holzkohle sowie Grit angereichert. Das ganze Jahr über können gekochte und fein gehackte Mohrrüben dazu gegeben werden. Im Sommer gibt man viel Grünfutter und Gemüse aus dem Hausgarten hinzu.

Pfleglinge mit großen Ansprüchen an animalische Kost, wie etwa manche Entenarten, bekommen noch Garnelenschrot und zerkleinerte Fische gereicht. Vor allem bietet sich Alleinfutter an. Weidetiere wie Wildgänse benötigen auch wintertags Grünflächen. Bei Hochschnee kann man notfalls auf ein Körnergemisch ausweichen.

Bei *Gänsen* ist die Haltung ohne gute Weide kaum denkbar. Bekommen die Vögel Weideauslauf, so benötigen sie nur wenig Körnerfutter als Zusatz. Auch ist darauf zu achten, dass die Tränken hoch genug sind, damit der ganze Schnabel eingetaucht werden kann. Als Futterbeigaben, beispielsweise bei den Gänsen, dürfen Kies oder Sand nicht vergessen werden.

Eine *Entenhaltung* bei Wasserweide ist sehr preiswert. Hier finden die Tiere Wasserlinsen und allerhand Kleingetier. Dann ist nur eine abendliche Zugabe von Körnerfutter nötig. Auch Wiesenauslauf spart viel Futter, da die Enten hier überall nach Schnecken und Würmern suchen.

Natürlich benötigen alle Vögel, also auch Gänse und Enten, zusätzlich Mineralfutter. Auch bei diesen Tierarten ist auf reichlich Trinkwasserzufuhr zu achten.

Grünfutter wird vom Ziergeflügel bis hin zu den Wildtäubchen meist gerne gefressen. Es handelt sich dabei um Gräser und Wildkräuter, wie sie in unterschiedlichen Gemengen auf jeder Wiese vorkommen. Besonders Ziergeflügel frisst überdies noch Knospen, Blätter und Nadeln von Gehölzen und Bäumen. Daneben zählt man aber auch vor allem die Blattgemüse und sonstiges *Gemüse* aus dem Garten dazu. Schossendes Gemüse und Gemüseabfälle, die beim Putzen für den menschlichen Verzehr abfallen, können gut verfüttert werden. Gezielt können aber Gemenge angesät werden. Vor allem der Einsatz von *Futterkohl* hat sich für das Spätjahr bewährt.

Bei den *Erdfrüchten* erfreuen sich Mohrrüben, Wruken oder Futterrüben besten Zuspruchs. Nur müssen für viele Arten und Küken Grünfutterteile klein geschnitten werden, Mohrrüben werden gewürfelt oder gequetscht, Rüben hälftet man und legt sie zum Auspicken vor.

Angefrorenes Grünzeug im späten Jahr darf nicht sogleich verfüttert werden. Man taut dieses Futter in einem frostfreien Raum auf und reicht es erst dann den Tieren. Mit Wurzelfrüchten wird genauso verfahren. Kartoffeln werden roh oder gedämpft gern verzehrt.

Wertvolle Futterpflanzen sind Topinambur, von der Pflanze gibt es auch Stylonen, die man als „Knollen" verfüttert, dann Brennnesseln, Löwenzahn samt der Milchwurzel und Beinwell oder Comfrey.

Blühende Comfreypflanze und Topinamburknollen

Besonders Comfrey und Topinambur beinhalten hochwertige Wirkstoffe.

Vor allem ist bei höheren Tierzahlen an den *Eigenfutteranbau* zu denken, weil der die Futterkosten insgesamt senkt. Für Ziertäubchen und kleine Bestände an Ziergeflügel empfiehlt es sich, im Garten kleine Horste von Topinambur auszulegen: Man hat dann den ganzen Sommer über reichlich Grünfutter zur Hand. In *Ausläufen* kann zum Beispiel Topinambur als Sicht- und Windschutz ausgelegt werden. Besonders Fasane wissen solchen Sichtschutz zu schätzen. Damit die Vögel nicht gleich die Triebspitzen am Jahresanfang verzehren und die Pflanzen im Aufwuchs schädigen, überdrahtet man die Anlage im Frühjahr. Später nimmt man den Draht weg, und die Vögel fressen von unten her die wirkstoffreichen Blätter ab, sodass Stängeldickichte mit Blättern an den hohen Triebspitzen stehen bleiben.

Für das Spätjahr und den Winter können ganz gezielt ab dem Sommer Markstammkohl, Futterkohl oder Grünkohl gesetzt und Wintermöhren, Wintersalate, Winterspinat und Feldsalat gesät werden. Die winterharten Sorten garantieren dann auch wintertags und im Spätjahr ein wenig Grün- und Saftfutter als Beigaben. Ebenso ist die Rapunzel winterfest und liefert Grün und Dickwürzelchen.

Selbstverständlich eignen sich viele *Obstsorten* als Zusatzfutter. Sie werden wie auch *Beeren* besonders gerne vom Ziergeflügel verzehrt, ebenso *Samenstände* von Gräsern und Kräutern, die man möglichst in *unterschiedlichen Reifezuständen* vorlegt und damit manche Bruten gut aufbekommt, vor allem bei Ziertäubchen.

Alles Grünfutter muss frei von Pilzbesatz sein. Das Futter darf nicht welk oder faul sein. Mit Giften behandeltes Futter darf man nie reichen! Erdfrüchte und Obst mit Schlagstellen kann man reichen, wobei man die Schadstellen großflächig ausschneidet. Angefaulte Früchte sollte man nicht vorlegen, weil gewöhnlich längst Pilzmyzelien die Frucht durchwuchert haben. Grün- und Saftfutter von Verkehrswegen verfüttert man wegen der Belastung durch Schadstoffe gleichfalls nicht.

Steht eine Grünlandfläche zur *Grünfuttergewinnung* zur Verfügung, so kann man Wiesenschwingel, Weißklee, Knäuelgras, Deutsches Weidelgras, Wiesenrispe, Rotschwingel, Rotklee, Gelbklee, Hornklee und Glatthafer als Mischung ansäen und besitzt dann eine Dauerweide für mehrere Jahre.

Von höchster Bedeutung ist bei jeglicher Tierhaltung das reine, klare Trinkwasser. Es muss stets vorhanden sein und in sehr sauberen Gefäßen gereicht werden. Wichtig ist beim Ziergeflügel und bei Wildtäubchen auch eine richtige Temperierung des Trinkwassers. Mit Heizplatten und Tränkenheizern kann das Trinkwasser angewärmt werden. Vor Nächten mit sehr tiefen Frösten entleert man abends die Gefäße, stellt die Heizeinrichtungen ab, füllt die Tränken morgens rechtzeitig auf und stellt die Heizungen wieder an.

Fütterungstechnik

Füttern und Tränken gehört im Grunde zu den täglichen Pflichten des Geflügelfreundes. Es kommt vor, dass man mit Automaten beim Ziergeflügel gelegentlich einmal ohne solche Grundarbeiten auskommt.

Puten kann man morgens gleich auf den Weideauslauf, auf den Stoppelacker oder in den Wald lassen und sie abends füttern. Auch *Perlhühner* werden morgens in die Freiläufe gelassen.

Dem *Landziergeflügel* und den *Wildtäubchen* kann man an unterschiedlichen Stellen im Gehege, am Wasser oder in der Ziertäubchenvoliere, wintertags bei Wärme liebenden Arten vornehmlich im Schutzhaus, an unterschiedlichen Stellen gleiche oder verschiedenartige Futtermischungen anbieten. Das garantiert, dass schwächere und jüngere Tiere oder bedrängte weibliche Vögel ebenfalls in Ruhe fressen können.

Junge Ziertäubchen, die sich häufig am Boden aufhalten, müssen also auch dort das Futter vorfinden. Erdtauben werden natürlich am Boden gefüttert. Sonst wird flugtüchtigen Arten auch an hoch gelegenen Stellen Futter gereicht.

Dem Ziergeflügel und den Wildtäubchen reicht man die vorgesehene Ration und lässt die Tiere dann nach Belieben fressen. Bei der nächsten Fütterung wird wieder aufgefüllt.

Weichfuttersorten dürfen nur so knapp gefüttert werden, dass sie alsbald von den Vögeln verzehrt werden, da Säuerungsgefahr besteht; Restfutter wird entfernt.

Wasser zur beliebigen Aufnahme ist unerlässlich. Bei Gänsen müssen die Trinkgefäße tief genug sein, weil die Vögel hierin auch Augen und Nasenlöcher reinigen. Dies gilt vor allem dann, wenn wenig Badegelegenheit gewährt werden kann.

Schwimmvögel wie die Gänse und Enten lässt man aufs Schwimmwasser sowie auf die Weideflächen. Gefüttert wird das übliche Futter zu bestimmten Zeiten, körnerhaltiges Futter meist abends.

Spezielle Fütterungsstrategien sind bei einzelnen Arten zu finden.

Leistungs-, Erhaltungs-, Zucht- und Mauserfutter

In jenen Zeiten, da vom Geflügel besondere Leistungen abverlangt werden, muss sorgsam, energie- und eiweißreich gefüttert werden. Dies betrifft etwa die Zuchtzeiten und die Zeit des Gefiederwechsels, die Ausstellungszeiten oder die Aufwuchszeiten des Junggeflügels. Auch Legetiere erfordern ein *Leistungsfutter,* ebenso benötigen kranke oder genesende Tiere oftmals ein spezielles Futter, das teilweise kräftig, teils diätetisch sein kann.

In Zeiten der Zuchtruhe bekommen alle Vögel ein sogenanntes *Erhaltungsfutter.* Dieses wird zwar den Ansprüchen der jeweiligen Art gerecht, aber es wird verhältnismäßig knapp gefüttert, damit die Tiere keineswegs in den Trieb kommen. Ebenso ist ein abwechslungsreiches Futter vorzusehen. Ein solches Futter kommt im Spätjahr zum Einsatz. Ausgenommen sind solche Vögel, die vom Ausstellungszüchter zu den Schauen gesandt werden sollen.

Allerdings muss auch hier variiert werden: Wenn wintertags tiefe Kältegrade herrschen, muss erheblich mehr und auch energiereicher gefüttert werden, damit die Vögel der Kälte etwas entgegensetzen können. Wird es wieder milder, nimmt man Menge und Energiegehalt des Futters zurück. Wichtig ist aber auch hier, dass man Grün- und Saftfutter gibt und ausreichend und mit richtiger Temperatur tränkt. Abgestandenes Wasser mögen die Vögel nicht und trinken dann zu wenig, was sich in minderer Leistungserbringung zeigt.

Wintertags sitzen die Tiere häufig eingesperrt im Stall, bekommen wenig Bewegung und werden reichlich gefüttert. Dies führt nicht selten zu Verfettung und Maststerilität mit Leistungsminderung. Man muss deshalb häufig zunächst ein knappes diätetisches Futter reichen und dann erst mit einer *Reizfütterung* beginnen, die dann zur kommenden Balz- und Brutzeit hinüberführt.

Während der *Aufzuchtzeit* bekommen die Küken und Jungtiere ein jeweils dem Alter angepasstes Aufzuchtfutter, das bei vielem Ziergeflügel auch teilweise animalisches Futter umfasst. Dazu gibt man meistenteils viel Grünzeug.

Die *Zuchtzeit* wird eingeleitet, indem die Vögel in Balzstimmung kommen sollen. Dazu wartet man am besten im Vorfrühling eine einsetzende laue Witterungsperiode ab. Die Tage sind dann auch schon etwas länger, sodass diese zwei Faktoren die Vögel an sich schon beeinflussen. Dann beginnen wir eine Reizfütterung mit eiweißreichem Futter. Diese *Stoßfütterung* bringt die Vögel zusammen mit dem beginnenden Frühling in Balzstimmung. Zusätzliche Lichtgaben unterstützen den Vorgang. Ein wenig später ist daran zu denken, dass die *Fütterung der Zuchttiere* direkten Einfluss auf die Eibildung und Befruchtung, auf den Schlupf und die Frühentwicklung der Küken hat.

Wichtig ist natürlich immer die Gesundheit der Zuchttiere. Während der Zeit der Bruteigewinnung muss die gute Fütterung beibehalten werden. Von Vorteil ist das Beifüttern von Grün- und Saftfutter. Unerlässlich, alleine schon für die Eibildung, sind Mineralstoffe, Vitamine, Grit, Muschelschalen und auch Quarz- oder Kiessand mit kleinen Steinchen.

Bei der *Mauserfütterung* ist zu beachten, dass Beigaben von ölhaltigen Sämereien, etwa Sonnenblumenkernen, Raps oder Rübsen, den Gefiederglanz steigert. Auch die Farbintensität des neu zu bildenden Gefieders kann durch bestimmte Futtersorten beeinflusst werden. Natürlich können Elastizität und gute Ausbildung des neuen Gefieders nur dann erreicht werden, wenn eine optimale Mauserfütterung vorgenommen wird.

Bei der Mauser verliert das Geflügel Teile des Gefieders, das aber wieder nachwächst.

Allgemein unterstützt der Züchter den Vorgang des Mauserns mit eiweißreichem Futter und sorgt für zusätzliche Gaben von tierischem Eiweiß. Das können zum Beispiel Garnelen sein. Ebenso wichtig sind abwechslungsreiches Futter, Grünfutter und Mineralstoffgaben. Erreichen möchte man einen raschen, komplikationslosen Mauserverlauf. Nach alter Züchterweisheit kann nach Beendigung der Mauser „nichts mehr hingefüttert" werden. Was also während der Mauserzeit an Fütterung versäumt wurde, lässt sich nach der anschließenden Gefiederneubildung jedenfalls nicht mehr „nachholen".

Die Jungtieraufzucht erfordert das jeweilige *Aufzuchtfutter,* das später vom Kükenfutter in ein spezielles Jungtierfutter übergeht.

Fütterungshygiene

Gesundes, leistungsfähiges Geflügel erhält man nicht nur bei optimaler, bedarfsgerechter Fütterung und Haltungsweise mit Nährstoffen, Vitaminen, Wirkstoffen aller Art und Mineralstoffen. Vielmehr muss auch hygienisch einwandfrei gefüttert werden.

Grünausläufe sind regelmäßig recht kurz zu mähen. Dann wachsen die Gräser und Kräuter frisch heran, in den Triebspitzen konzentrieren sich die Wirkstoffe, die die Vögel abfressen; es kommt zu keinen Kropfkomplikationen durch aufgenommenes, verholztes Langgras.

Weil Wasservögel auf dem Schwimmwasser natürlich auch baden und trinken, sind künstliche *Schwimmgelegenheiten* häufig zu entleeren oder abzulassen, zu reinigen und mit frischem, einwandfreiem Wasser aufzufüllen.

Die *Tränken* werden möglichst täglich gereinigt, der Innenbelag wird mit einem Flaschenbesen entfernt. Dann werden die Gefäße ausgespült und mit einwandfreiem Frischwasser beschickt. Das Wasser sollte sommertags kühl, im Winter vorgewärmt sein. Mit Heizeinrichtungen wird das Trinkwasser an kalten Wintertagen angewärmt.

Eiskaltes Wasser wird zu wenig aufgenommen, was die Leistungen schmälert. Zu Zuchtzeiten muss eine Tränkenwartung besonders aufmerksam stattfinden. Viele Züchter setzen dem Trinkwasser zusätzliche Mittel zu.

Bei zeitweiliger Tränkung in Ausläufen sind die Tränken jeden Tag ein wenig zu versetzen, damit der Boden darunter nicht verschlammt und ein Reservoir für Erreger wird.

Futter wird nur in Trögen, glasierten Steingutgefäßen, Futterkörben und sonstigen speziellen Gefäßen verabreicht, die nicht verschmutzt werden können. Tränken und Futtergefäße müssen so beschaffen sein, dass alle Tiere ruhig und ohne Hast fressen können, auch die schwächeren. Bei den Trögen bedeutet das, dass sie lang genug sein müssen. Alle diese Gefäße sind beständig zu reinigen, von Zeit zu Zeit zu desinfizieren. Besondere Vorsicht ist bei *Weichfutter* geboten, das – besonders bei wärmerem Wetter – alsbald in Gärung übergehen kann. Diese Gefäße sind stets nach der Entfernung der Futterreste gründlich zu reinigen.

Alles gereichte Futter muss von einwandfreier Beschaffenheit sein. Die vollwertige Ernährung der Vögel sichert die allgemeine Widerstandskraft, kranke Tiere erlangen dabei ihre Ausheilung. *Freilauf* bedeutet, dass sich die Tiere lebenswichtige Ergänzungsstoffe selbst suchen können. Deswegen sind große Grünausläufe und größere Flächen mit möglichst natürlichem Schwimmwasser von Vorteil.

Das Fressen und Saufen von Wildtieren in Ställen, Gehegen und auf dem Freilauf ist tunlichst wegen der Übertragbarkeit von Krankheiten zu unterbinden.

Auf keinen Fall dürfen Schadnager ans Geflügel- und Taubenfutter gelangen, weil sie dieses mit Keimen kontaminieren könnten.

Allgemeine Grundsätze zu Zucht und Aufzucht von Ziergeflügel

Wenn man Land- und Wasserziergeflügel erfolgreich halten, züchten und aufziehen will, dann ist das Studium von Fachliteratur und die Bekanntschaft mit erfahrenen Züchtern unumgänglich. Auf diese Weise wird man vor ärgerlichen Anfängerfehlern bewahrt, weil der Erfahrungsaustausch weiterbildet.

Beim Ziergeflügel liegen die Verhältnisse von Art zu Art oft sehr verschieden. Viele Arten sind monogam. Domestizierte Arten sind häufig nicht mehr monogam wie im Freileben, sondern polygam. Manche Vogelarten kann man nur zeitweilig während der Balzzeit zusammenlassen, andere Arten zeigen ein Brutverhalten, wobei der Hahn wacht und die Henne brütet. Das kommt auch bei Wasserziergeflügelarten vor. Bei vielen Vogelarten führt das weibliche Tier, bei manchen Arten führt das männliche Tier, oder beide Elternteile kümmern sich um den Nachwuchs. Nur von optimal gehaltenen, gepflegten, gefütterten und gesunden Altvögeln kann man gute Nachzuchten erwarten. Dazu muss auch die Umwelt stimmen.

Landziergeflügel

Bei allem Ziergeflügel ist darauf zu achten, dass man Paare oder Zuchtstämmchen möglichst frühzeitig für die Zucht zusammenstellt. Das kann im Spätjahr geschehen. Meist wird man ohnehin zur Brutzeit *Landziergeflügel* paarweise beisammen halten. Man kann aber auch einen Hahn täglich in ein anderes Gehege zu einer weiteren Henne seiner Art geben. Die Artansprüche sind zu wahren. Häufig muss eine Zuchthenne eine Voliere mit anschlie-

Das Gänsepaar führt seine Gössel auf den Grünauslauf.

ßendem Schutzhaus für sich alleine haben, um erfolgreich brüten zu können.

Schon im sehr zeitigen Jahr muss man im Gehege Versteck- und *Nistmöglichkeiten* vorgeben. Dazu nimmt man gebündeltes Reisig, Maisstrohstängel, Schilf, Kiefern- oder Tannenzweige. Nistorte sollten geschützt und abgedunkelt, aber nicht ganz in Dunkelheit liegen. Man hebt eine flache Mulde aus und legt Laub und trockenes Moos hinein. Über den Nistmöglichkeiten in der Voliere sollten Dächer angebracht sein, damit die Gelege nicht eingeschneit oder eingeregnet werden. Die Verstecke dienen auch den *Hennen* als Schutz vor dem Hahn. Bei manchen Arten wachen die Hähne in Nestnähe, um bei Gefahr zu warnen. Dies ist bei Rebhühnern der Fall. Bei anderen Arten muss man den Hahn entfernen, etwa bei den Pfaufasanen. Warnt ein Hahn andauernd, wird die Henne auch unruhig und verlässt ständig das Nest. Auch dann muss der Hahn entfernt werden. Manche Vogelarten, etwa Jagdfasanen, lassen ihre Eier einfach irgendwo in der Voliere fallen. Man muss sie dann einsammeln. Bei anderen Arten nimmt man die ersten Eier weg, damit die Vögel noch mehr Bruteier legen. Wenn Hennen gut brüten, lässt man ihnen das Gelege. Wenn sie das nicht tun, sammelt man die Eier ein und lässt sie von einer Amme oder im Brüter ausbrüten. Bruteier kann man etwa 10 Tage lang aufbewahren, später lässt der Schlupf zu wünschen übrig. Die Eier werden bei etwa 10 °C trocken und zugfrei aufbewahrt. Die Brutdauer ist unterschiedlich und dauert von 10 bis zu 30 Tagen und länger.

Hühnerglucken legt man gleich große Eier unter. Hat man nur ganz wenige Ziervogeleier zur Brut, so legt man der Hühnerglucke hart gekochte Hühnereier unter, um das Gelege aufzufüllen. Ammenglucken müssen kokzidienfrei und entwurmt sein. Glucken werden lange vor dem Schlupf der Küken mit einem Insektizid eingestäubt. Geeignet sind Seidenhühner und Glucken zarterer Hühnerrassen. Gelege von Arten aus feuchtheißen Gebieten müssen feuchter gehalten werden.

Geschlüpfte *Ziergeflügelküken* wollen sich meist sofort entfernen. Man muss also Vorrichtungen treffen, dass dies nicht vorkommt. Sobald die Küken geschlüpft sind, kann man ihnen kleinere Futtermengen vorsetzen. Bei manchen Arten muss das Futter vorgehalten werden.

Man setzt aus den vorgenannten Gründen nach dem Schlupf die Mutterfamilie am besten in eine *Aufzuchtkiste* von 60 × 40 cm Fläche und einer Höhe von etwa 35 cm. Mit der Glucke können die Kleinen hier etwa sechs Tage verweilen. Die Kiste kann einen festen Boden haben, die Küken können dennoch auf engem Maschendraht gehalten werden. Man stellt die Kiste in einen trockenen, warmen Raum samt Inhalt. Ruhe, Wärme und Trockenheit sind wichtig.

Nach wenigen Tagen, wenn die Küken sicher fressen, kann man sie in ein Aufzuchtgehege bringen, das aus einem Gluckenheim mit überdecktem Auslauf besteht. Die Glucke wird durch ein Stabgitter am Austritt aus dem Heim gehindert, die Küken können entschlüpfen. Sie können sich dann selbst tierische sowie pflanzliche Nahrung suchen und bleiben in Rufkontakt mit der Glucke. Gewöhnlich steht das Gluckenheim in einer Voliere. Dann ist auf Trockenheit des Volierenbodens zu achten. Gegen Sonne hilft eine Beschattung. Vor 10 Uhr gibt man keinen Auslauf und beendet ihn etwa um 14 Uhr. Wichtig ist, dass die Glucke zur Nachtzeit hudert.

Bei *Kunstbrut* beträgt die Anfangstemperatur etwa 37,5 bis 38 °C, um dann gegen Ende auf 39 °C anzusteigen. In den ersten etwa 18 Tagen der Brutzeit beträgt die Luftfeuchtigkeit im Brüter 50 bis 60 Prozent, gegen Ende wird dieser Wert erhöht.

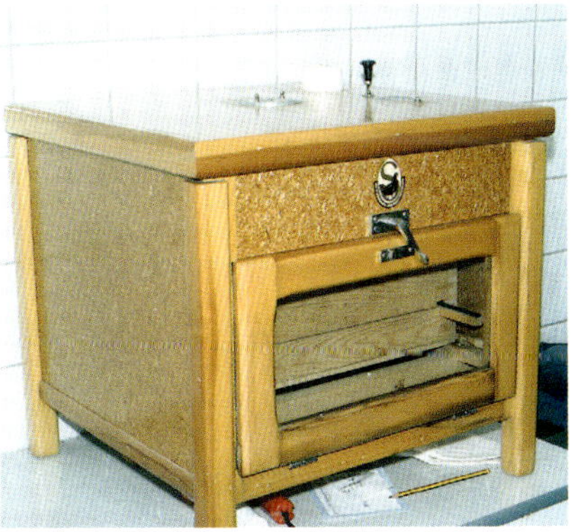

Rechtzeitig vor dem Brutbeginn ist die Funktionsfähigkeit des Brutschranks zu überprüfen.

Die Lüftung wird meist ab dem 7. Bruttag eingeschaltet und läuft erst gegen Ende der Brutzeit voll. Die ersten zwei Tage lässt man die Eier in der Regel ruhen, um sie dann täglich zu wenden. Zur Zeit der Schlupfbrut wird mehr gewendet. Beim Wenden kann man gleichzeitig auch ein wenig kühlen.

Im Kükenring nimmt man als *Einstreu* feinen Sand und Häcksel. Wichtig ist Schutz vor Unterkälte. Die Temperaturen liegen unterschiedlich hoch; meist geht man bei einer Aufheizung von 28 bis 30 °C mit dem Strahler nicht fehl. Licht und Frischluft sind wichtig. Anfangs futtert man auf dem Futterbrett. Bestimmte Fasanen- und Raufußhühnerküken bekommen ihr Futter mit der Pinzette vorgehalten. Nur eine hygienische Haltungsweise garantiert gesunde Jungtiere.

Manche Jungvögel wollen bald aufbaumen, verklammen dann jedoch. Aber dennoch muss für solche Arten mit Naturholzstangen aus Weichhölzern für artgemäßen Sitz, etwa 20 Zentimeter über dem Boden, gesorgt werden. Mit 8 bis 10 Wochen kann man viele Jungtiere in die Gehege lassen, sorgt aber dafür, dass sie am Spätnachmittag wieder ins Schutzhaus gehen. Über den berindeten Schlafstangen können Wärmestrahler angebracht werden. Laufen die Jungen am Außendraht unentwegt auf und ab, so bringt man Schutzmatten an.

Viele Ziergeflügelarten können mit *Anfangsfutter* für Hausgeflügel aufgezogen werden. Aber viel Grünzeug, bei etlichen Arten auch tierisches Eiweiß, ist wichtig. Fein gewiegte, frische, junge Brennnesseln, Löwenzahn, Comfrey, Topinambur und Ameisenpuppen sind ein gutes Aufzuchtfutter. Man kann auch „Kuchen" aus Dotter, Milch und Kükenmehl reichen. Fasanenerstfutter oder Mehlsorten für Putenküken können geeignet sein. Man kann alles zu einer feuchtkrümeligen Masse verarbeiten und verabreichen. Anfangs füttert man 4- bis 5-mal, später 3-mal, schlussendlich 2-mal täglich.

In den kommenden Wochen sind dann feinste Sämereien von Mohn, Glanz, Rübsen, gebrochenem Buchweizen, Graupen, Quark, Haferflocken und Semmelmehl ein gutes Aufzuchtfutter. Hart gekochtes Ei wird schwer verdaut. Wichtig sind Mineralstoffbeigaben, Vitamine, Grit, feine Muschelschalen, Kiessteinchen und Futterkalk, was man sowohl übers Weichfutter als auch mit dem Trinkwasser verabreichen kann. Später bietet man ganze Grünteile an. Viele Futtersorten für Aquarien- und Terrarientiere eignen sich gleichfalls zur Aufzucht. Frisches Wasser ist besonders wichtig. Die Saufgefäße müssen ein Ertrinken kleinster Jungtiere verhindern. Der Boden unter den Tränken sollte nicht vernässt werden.

Wildtäubchen bietet man Nisthilfen aus Draht, kleine Harzerbauer, Körbchen und kleine Kistchen an. Die Unterlagen müssen der Größe der Bruttauben angepasst sein. Nistmaterial in Form von kleinen Zweigen, Würzelchen, Moos und Halmen sollte rechtzeitig bereitliegen. Die Gelege bestehen aus zwei Eiern, bei einigen Arten nur aus einem Ei. Die Brutzeit dauert – je nach Art – 10 bis 28 Tage. Nestkontrollen sind tunlichst zu unterlassen, weil die meisten Arten das übelnehmen. Die Jungtauben bekommen bis zum Alter von sechs Tagen Kropfmilch von den Altvögeln, dann feste Nahrung in Form von Insekten, Beeren, Obst, Körnern und Eifutter. Jungtauben liegen zwischen 10 und 50 Tagen im Nest, also je nach Taubenart unterschiedlich. Wildtäubchen brüten leider oft sehr unzuverlässig, sodass man meist nur mit Ammentauben weiterkommt. Diese sind allerdings rechtzeitig an das jeweilige Aufzuchtfutter für die betreffende Jungtaubenart zu gewöhnen.

Wasserziergeflügel

Beim *Wasserziergeflügel* muss vor allem die richtige, passende Umgebung für die Vögel geschaffen werden, damit sie in Brutstimmung kommen. Die entsprechenden *Nistmöglichkeiten* sind für Höhlen- und Freibrüter zu schaffen, wobei dichte Vegetation am Uferrand der Gewässer oft hilfreich ist. Die Brutmöglichkeiten müssen rechtzeitig im Jahr hergerichtet werden, weil viele Wasservogelarten schon recht frühzeitig in Balzstimmung kommen, sodass Nistgelegenheiten die Vögel zusätzlich zur Brut anhalten.

Ausgepolstertes Wasserziergeflügelnest mit Gelege der Nilgans

Die *Zuchtpaare* sind rechtzeitig zusammenzustellen. *Naturbrut* oder *künstliche Brut* wird bei den einzelnen Arten noch genauer besprochen, vor allem auch die *Aufzucht*. Wichtig ist auch bei diesen Arten, dass den Zuchtvögeln ein gutes Zuchtfutter und den Küken das richtige Aufzuchtfutter gereicht wird.

Vom Erbgeschehen

Vor allem dann, wenn man unterschiedliche Rassen beim Land- und Wasserziergeflügel züchten möchte, sind einige Grundkenntnisse der Erblehre von Bedeutung. Das äußere Erscheinungsbild eines Tieres bezeichnet man als *Phänotyp*. Diesem ist das Erbbild oder der *Genotyp* nicht anzusehen.

Ab dem Jahre 1865 unternahm *Gregor Mendel* seine Kreuzungsversuche an Hülsenfrüchten und fand in den Erbgängen bestimmte Regelmäßigkeiten heraus. Seine Uniformitäts- oder Gleichförmigkeitsregel besagt, dass die Nachkommen- oder die sogenannte Filialgeneration (F_1-Generation) von reinerbigen Eltern unter sich gleich ist. Seine Spaltungsregel führt auf, dass dann, wenn man diese F_1-Generation untereinander vermehrt, sich die Nachkommen der F_2-Generation, also die Enkel, in ihren Merkmalen im Verhältnis 1 : 2 : 1 aufspalten, im dominant-rezessiven Erbgang aber im Verhältnis 3 : 1. Die 3. Mendel'sche Regel, die die Neukombination der Gene erfasst, heißt Unabhängigkeitsgesetz. Da aber auch ganze Gengruppen zusammen vererbt werden können, ist diese freie Kombination der Erbanlagen nicht unbeschränkt gültig. Außerdem wurden auch schon andere, oft sehr komplizierte Erbgänge, vor allem bei Pflanzen, beschrieben.

Der französische Naturforscher *Jean Baptiste de Lamarck* (1744–1829) nahm einen Einfluss der Außenwelt auf die Vererbbarkeit an, also eine gewisse Vererbbarkeit „erworbener Eigenschaften“. Nach neuesten Erkenntnissen scheint sich dies – entgegen allen bisherigen Annahmen – unter bestimmten Bedingungen eben doch zu bestätigen, was Lamarcks Ansichten rechtfertigen würde.

Träger der Erbanlagen sind die Chromosomen, die die Gene oder Erbeinheiten bergen. Liegen die Gene, die dasselbe Merkmal betreffen, an solchen Orten, die einander genau entsprechen, nennt man sie Gegen-Gene oder Allele. Wenn ein Lebewesen an diesem Genort zweimal das gleiche Allel besitzt, also eines vom Vater, eines von der Mutter, so ist das Wesen in Hinsicht auf dieses Allelpaar *reinerbig* oder *homozygot*. Liegen aber an dem Genort zwei verschiedenartige Allele, ist das Lebewesen bezüglich dieses Merkmals *mischerbig* oder *heterozygot*.

Nun zeigt ein mischerbiges Tier Merkmale, die sich durch die Dominanz der verschiedenen Allele auszeichnen. Andere Allele blieben allerdings überdeckt. Die äußere Erscheinung des betreffenden Tieres zeigt uns diese dominanten Merkmale und Eigenheiten. Die verdeckten Anlagen sind dennoch da, schlummern aber im Erbgut und können später bei irgendwelchen Nachkommen wieder zum Vorschein kommen. Sind solche Allelkombinationen gleich stark, so nennt man den Vorgang *intermediär*. Dann zeigen die Nachkommen die schon erwähnte Mittelstellung zwischen beiden Elterntieren an. Auch eine *geschlechtsgebundene Vererbung* kommt vor.

Gefiederfarben, Zeichnungsmerkmale, Hauben- und Bartbildung, Lockenfiedrigkeit und andere Merkmale werden auf diese Weise beim Geflügel vererbt. Viele Merkmale können demzufolge vom Züchter, wenn er deren Erbgänge und die Erbanlagen seines Geflügels kennt, in der Zucht gesteuert werden.

Arten und Domestikationsgeschichte des Landziergeflügels

Systematik der Hühnervögel

Eine wichtige Gruppe des Landziergeflügels stellt die Ordnung der *Hühnervögel* (Galliformes), hier vor allem die Unterordnung *Eigentliche Hühnervögel* (Galli). Zu ihnen zählen die Familien der *Großfußhühner* (Megapodiidae) und der *Hokkos* (Cracidae) wie die Schakuhühner (Penelopini).

In der Familie der *Fasanenartigen* (Phasianidae) finden wir zunächst die Unterfamilie der *Raufußhühner* (Tetraoninae) mit der Gattungsgruppe Waldhühner (Tetraonini). Wichtige Gattungen sind hier die Auerhühner (Tetrao), die Birkhühner (Lyrurus), die Schneehühner (Lagopus), die Nordamerikanischen Waldhühner (Canachites), die Sichelhühner (Falcipennis) und die Blauhühner (Dendragapus). Die Gattungsgruppe Präriehühner (Centrocercini) umfasst die Gattungen Beifußhühner (Centrocercus), die der Eigentlichen Präriehühner (Tympanuchus) und der Spitzschwanzhühner (Pedioecetes). Die Gattungsgruppe Haselhühner (Tetrastini) besteht aus den Gattungen Tetrastes und Bonasa.

Die Unterfamilie der *Feldhühner* (Perdicinae) umfasst die Gattungsgruppen Rebhuhnartige (Perdicini) mit einer sehr bedeutenden Anzahl von Gattungen: Haldenhühner (Lerwa), Königshühner (Tetraogallus), Keilschwanzhühner (Tetraophasis), Steinhühner (Alectoris), Rebhühner (Perdix), Sandhühner (Ammoperdix), Felsen-Rebhühner (Ptilopachus), Waldrebhühner (Arborophila), Buschrebhühner (Tropicoperdix), den Gattungen Perdicula, Cryptoplectron, Melanoperdix, Haematortyx, Caloperdix, Rollulus, Rhizothera,

Frankoline (Francolinus), Bambushühner (Bambusicola), Ophrysia, Zwergfasanen (Galloperdix) und Ithaginis (Blutfasan).

Die Gattungsgruppe Eigentliche Wachteln (Coturnicini) stellt die Gattungen Wachteln (Coturnix), Zwergwachteln (Excalfactoria), Anurophasis und Schwarzkehlwachteln (Margaroperdix).

Die Gattungsgruppe Zahnwachteln (Odontophorini) umfasst die Gattungen Schweifwachteln (Dendrortyx), Oreortyx, Callipepla, Schopfwachteln (Lophortyx), Philortyx, Baumwachteln (Colinus), Cyrtonyx, Zahnhühner (Odontophorus) und Dactylortyx. Die Unterfamilie Satyrhühner (Tragopaninae) ist vertreten durch die Gattung Tragopan.

Die Familie der *Fasanenartigen* (Phasianidae) besteht aus der Unterfamilie Truthühner (Meleagridinae) mit den Gattungen Meleagris und Agriocharis.

Eine weitere Unterfamilie bilden die *Pfaufasanen* (Argusianinae) mit den Gattungen Eigentliche Pfaufasanen (Polyplectron), Perlenpfauen (Rheinartia) und Argusfasanen (Argusianus).

Die Unterfamilie der *Pfauen* (Pavoninae) umfasst die Gattung Pavo. Die Unterfamilie *Kongopfauen* (Afropavoninae) hat nur die Gattung Afropavo.

Die Unterfamilie *Perlhühner* (Numidinae) hat eine ganze Anzahl von Gattungen, nämlich Phasidus, Agelastes, Haubenperlhühner (Guttera), Acryllium und Numida.

Die Unterfamilie der *Fasanen* (Phasianinae) stellt gleichfalls eine Reihe von Gattungen, nämlich Koklass-Fasanen (Pucrasia), Glanzfasanen (Lophophorus), Kammhühner (Gallus), Silberfasanen (Gennaeus), Blaufasanen (Hierophasis), Fasanhühner (Houppifer), Hauben-Rotrückenfasanen (Lophura), Diardigallus, Lobiophasis, Ohrfasanen (Crossoptilon), Catreus, Bindenschwanzfasanen (Syrmaticus), Phasianus und Kragenfasanen (Chrysolophus).

Die Unterordnung *Hoatzins* (Opisthocomi) kennt nur die Familie der Hoatzins (Opisthocomidae) mit der Gattung Opisthocomus.

Nur ein Teil der aufgeführten Vögel eignet sich für die Liebhaberhaltung. Einige haben sich seit Jahrhunderten als Ziergeflügel bewährt und sogar Spielformen herausgebildet. Weil Hühnervögel standorttreu sind, eignen sie sich als Ziergeflügel. Nur vier Arten der Hühnervögel sind Zugvögel. Auch aus Gründen der Jagd hat man zum Beispiel den Edelfasan überall ausgesetzt und verbreitet.

Großfußhühner lassen ihre Gelege von warmer Lava in der Nähe vulkanischer heißer Quellen ausbrüten, von der Sonne am Meeresstrand oder von der Sonnenwärme allgemein oder von Haufen mit verrottenden Pflanzenteilen, die Wärme abgeben. Hokkos, Schakuhühner und Guans leben meist in den warmen Gegenden Amerikas und sind an das Leben in Bäumen angepasst. Die Vögel fressen Früchte und Samen.

Bei den Fasanenartigen finden wir Winzlinge wie die Zwergwachtel mit nur 45 Gramm und schließlich den Truthahn, der als Hausputer auf 22,5 kg Gewicht kommen kann. Die meisten Arten sind reine Bodenbewohner, die häufig nur pflanzliche Nahrung aufnehmen, daneben aber Insekten und andere Kleintiere. Manche Arten leben in Einehe, andere in Vielehe oder in Bindungslosigkeit. Die meisten Arten sind Bodenbrüter, wobei häufig nur die weiblichen Vögel brüten. Die Jungtiere sind Nestflüchter.

Truten

Die indianischen Hochkulturen Mittel- und Südamerikas kannten Hunde, Bisamente, vielleicht noch eine kleinere Ente, Lamas, Alpakas, Meerschweinchen und Truthühner als Haustiere.

Die spanischen Eroberer fragten sich, ob das, was sie dort sahen, nicht ein Traum sei. Im Palast von Tenochtitlán, dem heutigen Mexiko-Stadt, gab es einen Zoo mit Tieren aus ganz Mittelamerika. Der königliche Garten nahm den Spaniern den Atem mit seinen Blumen, duftenden Bäumen, Teichen, Vögeln, Gewürz- und Heilkräutern.

Truthühner sind sehr große Hühnervögel aus der Neuen Welt. Gezähmte oder halb zahme Truten wurden schon von den Azteken gehalten, sodass die spanischen Räuber, die Tenochtitlán belagerten, „Hühner“ und Eier als Tribut von den Azteken forderten. Gemeint waren in den alten Schriften natürlich Truten und deren Eier, sie sind Hühnervögel Amerikas. Truthähne schlagen bei der Balz mit den Schwanzfedern ein Rad.

Der nackte Kopf und Hals der Trutvögel ist rot und blau gefärbt und zeigt Hautfalten, Warzen und Stirnanhang. Haustruten stammen vom wilden *Bronzetruthuhn* (Meleagris gallopavo) ab, speziell von der Unterart Meleagris g. gallopavo, einem Waldvogel. Dieses Truthuhn kommt im heutigen mexikanischen Staatsgebiet vor. Vermutlich wurden Bronzetruten schon von den Pueblo-Indianern im heutigen Arizona und Neu-Mexiko gehalten und von ihnen verzehrt. Gezähmt wurden sie vielleicht im mexikanischen Staat Michoacán, von wo aus jährlich Truthühner nach Tenochtitlán geliefert werden mussten. Als Kolumbus 1492 auf die Antilleninseln kam, traf er bei den Indianern schon Hausputen an. Als „indische Hühner“ kamen die Puten um 1520 nach Europa.

Während Bronzetruten in Nordamerika bis hinunter nach Zentralamerika in sieben Unterarten vorkommen, ist das *Pfauentruthuhn* (Agriocharis ocellata), der schönste Hühnervogel der Neuen Welt, nur mit einer Art auf der mittelamerikanischen Halbinsel Yucatán zu Hause, wo der herrliche

Panoramagemälde mit Wildputen in Nordamerika

Vogel auch den dichten Urwald im Petén bewohnt. Dort bekommt man ihn bei den Mayapyramiden von Tikál im Nationalpark zuweilen zu Gesicht. Er ist auch dort selten, wie mir die Mayas erzählten.

Herzog Paul von Württemberg schilderte im 1. Buch über seine Forschungsreise gen Nordamerika, wie er am südlichen Mississippi vor knapp 200 Jahren „viele wilde Welschhühner – besonders ansehnliche Flüge von Hähnen “ beim Sonnen auf sandigen und steinigen Plätzen vorfand. Auch weiter im Süden bei New Orleans waren sie noch zu Hause: „In diesen Wäldern gibt es noch viele Welschhühner, die sich besonders im Spätherbst in großen Kitten versammeln. Man jagt sie hier mit Hunden, die sie aus der Dickung aufstöbern; dann setzen sie sich auf die höchsten Spitzen der Bäume und lassen sich ziemlich leicht beschleichen.“ Tatsächlich sind diese nördlichen Trutenpopulationen in weiten Gebieten Nordamerikas längst ausgerottet.

Beide Truthuhnarten sind Waldvögel und brüten in Bodenmulden. Fossile Arten wurden in Amerika gefunden.

Haltung und Zucht von Wildtruthühnern

Wildtruthühner stellen einige Ansprüche an die Haltung. Deswegen werden sie nur selten von Liebhabern gehalten. In der Regel sind sie in zoologischen Gärten und bei erfahrenen Spezialisten zu finden.

Sowohl das *Truthuhn* (Meleagris gallopavo) mit seinen Unterarten als auch das *Pfauentruthuhn* (Agriocharis ocellata) sind Waldvögel. Die Tiere baumen zur Nacht mit vielen Artgenossen auf.

Die *Bronzetruthühner* (Meleagris gallopavo) kommen heutzutage von den östlichen Staaten wie New York und Pennsylvania in den USA bis zum mexikanischen Staat Michoacán vor. Früher kamen sie auch in der kanadischen Provinz Ontario und in den heutigen US-Staaten um die Großen Seen herum vor. Pfauentruthühner leben im nordöstlichen Guatemala im Petén, in Belize und Teilen von Mexiko. Bronzetruthühner sind bei uns winterhart, während Pfauentruthühner Wärme lieben und anfällig sind.

Pfauentruthahn

Die USA umfassten riesige Waldgebiete, von denen heute nur noch Reste vorhanden sind. Allerdings legte die indianische Urbevölkerung Äcker mit Mais und Gemüse an. Auch vollzog man Brandrodung, sodass die Wildtruten sowohl Wald als auch offenes Gelände mit allerhand Samen und Früchten vorfanden. Die Prärien sind nach heutigen Forschungsergebnissen vermutlich ganz oder zum größten Teil der Urbevölkerung zu verdanken, die somit Weidegründe schuf, um ständig Jagdwild zu haben. Es könnte also sein, dass die Truten schon in vorkolumbianischen Zeiten aus alten Lebensräumen verdrängt wurden. Bei der Einwanderung der Europäer wurden die Bestände überjagt. Die Bronzeputen nehmen nach Untersuchungen über 350 Pflanzen- und über 300 Tierarten auf. Man hat die Bronzetruthühner in vielen Gegenden, auch in Mitteleuropa, ausgesetzt, oft mit sehr mäßigem Erfolg.

Dennoch muss vom Bronzetruthuhn gesagt werden, dass es winterhart ist und bei uns unter entsprechenden Umständen leicht brütet. Diese Truthühner zeichnen sich durch den unbefiederten Kopf und Oberhals aus, der mit Hautauswüchsen bedeckt und farbig ist. Die Hennen sind erheblich kleiner als die Truter. Die Nominatform, das Südmexikanische Truthuhn (M. g. gallopavo), ist von kleinerer Gestalt als andere Formen. Der Schwanz ist bei dieser Art braun mit Sprenkelungen. Die äußeren Federn zeigen schwarze Bänderungen. Die Federsäume sind schwarz mit gelbem und rotem Anflug. Ober- und Unterschwanzdecken, Bürzel- und Flankendeckfedern sind von hellgrauen bis rötlichen Tönungen und gelblichen Nuancen an den Enden gesäumt. Vorderrücken, Brust und oberer Bauch sind mehr kupfern und schimmern grünlich. Die Unterrücken- und Bürzelfedern sind schwarz mit blauen Säumen. Die äußeren Armschwingen sind weiß gesäumt, die inneren hellgrau. Die Innenfahnen sind gelb durchsetzt. Die Außenfahnen schimmern purpurn. Die Sporen sind nicht so lang wie bei anderen Formen. Die Hennen sind ähnlich wie die Hähne gefärbt. Sie zeigen weniger Metallglanz. Die auffälligen Stirnzapfen werden nur von den Truthähnen gezeigt.

Pfauentruthühner (Agriocharis ocellata) gehen im Wildleben auf große Grasflächen, um dort zu fressen. Überwiegend verzehren diese schönen Vögel Pflanzenteile, über die Hälfte davon sind Grassamen. 30% der Nahrung bestehen aus Blättern, auch Waldfrüchte, Insekten und Blüten werden verzehrt. Diese Wildart frisst also mehr vegetarische Nahrung als das Bronzetruthuhn. Unterarten sind keine bekannt.

Bei der Kükenaufzucht von Pfauentruthühnern erweist sich kühles, regnerisches Wetter als verderblich. Wichtig scheint in den ersten Wochen für sie Lebendfutter zu sein. Bei der Aufzucht nehmen die Küken ab der 5. Woche Putenstarterfutter, Ei und Grünzeug auf, später auch Aufzuchtfutter.

Der Hahn des Pfauentruthuhns zeigt ein bronzegrünes Halsgefieder mit metallisch glänzendem Grün- und Bronzefleck. Davor liegt eine schwarze Querbinde. Auch die obere Brust ist so ausgestattet, während die untere Brust, das Seiten- und Flankengefieder nach hinten zu mehr in die Kupferfarbe in den Endsäumen übergeht. Der untere Bauch, die Schenkel und die Steißgegend sind grauschwarz. Die Unterschwanzdecken sind blaugrün schillernd mit kupfriger Endsäumung. Die Rückenfedern schimmern bronzegrün und tragen eine bronzefarbige Endsäumung, die zuvor von einer schwarzen Querbinde begrenzt wird. Die Schultern sind fast gleich gefärbt, zeigen aber mehr Messing- und Bronzefarben in den Enden. Die kleinen Flügeldeckfedern sind grünlich bis bläulich mit schwarzen Querbändern. Die großen Flügeldecken leuchten mit Kupfermetallschimmer. Die inneren Armschwingen sind graubraun mit weißen Bändern. Die äußeren Armschwingen zeigen weiße Außenfahnen und Fleckung in graubräunlicher Farbe. Die Handschwingen und Handdeckfedern sind grauschwarz mit weißlichen Bändern. Der Bürzel ist bläulich bei bronzener Endtönung. Darüber hinaus finden sich schwarze Querbinden. Die Oberschwanzdecken zeigen dazu noch kupfrige Endsäume. Der Schwanz ist hellgrau mit Wellen und Bändern. Vor den Enden der Federn sind die großen blauen Augenflecke mit Metallschimmer. Sie sind teils schwarz gesäumt. Die nackten Kopf- und Oberhalsteile sind hellblau, während die Spitze der Kopfbeule, der Stirnzapfen und die Hautwarzen orangerot sind. Sonst ist der Schnabel gelblich bis hornfarbig. Der Augenring ist rot, die Iris ist dunkelbraun. Die Läufe sind rot mit gelbem Sporn beim Hahn. Die Hennen sind kleiner und haben nicht die leuchtende Farbgebung wie die Hähne, vor allem kleinere Augenflecke. Ihnen fehlen Kopfbeule und Stirnzapfen, ebenso die Sporen.

Putenrassen und ihre Zucht

Bruteier sollten nicht länger als sieben Tage aufbewahrt werden. Bei schweren Schlägen ist die Befruchtung geringer. Bei Hähnen und Hennen kann man eine Zwangsbrut durchführen. Bei Puten gibt es auch Jungfernzeugung oder Parthenogenese, die in einigen Stämmen gehäuft auftritt. Dadurch werden nur Hähne erzeugt, die aber selbst wieder lebens- und zeugungsfähig sind. Mit 20 bis 32 Wochen Lebensalter werden weibliche Tiere geschlechtsreif, Truter mit 31 bis 32 Wochen. Die erste Legeperiode dauert 20 Wochen. Nach künstlicher Legepause von 12 Wochen kann eine zweite Legeperiode von 18 Wochen erreicht werden.

Bei *Puten* beträgt die Brutzeit etwa 28 Tage. Das Brutei wird in seiner Qualität durch hygienische Haltung und gute Fütterung der Zuchtvögel beeinflusst.

Zur *Naturbrut* nimmt man nur Truten, die frei von der Pullorum- und Schwarzkopfkrankheit sind. Eine Pute kann – je nach Rasse – 15 bis 18 Puteneier bedecken. Bei unruhigen Tieren dunkelt man den Stall ab. Das Nest wird in entsprechender Größe wie ein Hühnernest hergerichtet. Man kann auch eine geräumige Kiste verwenden oder mit umgelegten Ziegeln abgrenzen. Die Nestfüllung geschieht wie bei Hühnerglucken. Das Tier muss gut sitzen können. Bei *Zwangsbrut* stülpt man einen Weidenkorb über oder den Kistendeckel aus Latten, sodass das Tier nicht aufstehen kann. Durch die Öffnungen reicht man Futter und Wasser. Ins Nest legt man vorgewärmte Porzellaneier. Zwei Tage lang darf das Tier nicht gestört werden. Dann nimmt man die Pute vorsichtig aus dem Nest und lässt sie eine Viertelstunde lang fressen und trinken, wobei man das Nest säubert. Dann setzt man die Glucke zurück aufs Nest. Bei allen Verrichtungen ist Ruhe nötig. Wenn das Tier drei Tage lang gut sitzt, legt man die Bruteier unter. Nachdem die Pute weitere zwei Tage lang gut und fest gesessen hat, hebt man sie täglich zur selben Zeit ab und bringt sie in den Auslauf. Dort wird gefüttert und getränkt. Nach 10 bis 15 Minuten öffnet man den Brutstall, woraufhin die Glucke ihr Nest wieder aufsucht.

Die *Kunstbrut* erfolgt bis zum 24. Tag bei 37,6 °C und 55 bis 60 % relativer Luftfeuchte. In der dann folgenden Schlupfbrut bekommen die Eier 37,2 °C und 80 bis 85 % Luftfeuchtigkeit. Gewendet wird mindestens dreimal täglich bis zum 24. Bruttag. Das Schieren erfolgt am 7. und 23. Tag. Der Wendewinkel sollte zwischen 90 und 180 Grad liegen. Vom 15. bis 18. Tag sollte man täglich fünf Minuten kühlen, vom 19. bis 24. Bruttag 10 Minuten täglich. Wichtig ist natürlich auch hier die Luftumwälzung im Brüter, sodass Sauerstoff zugeführt bzw. Kohlendioxid abgeführt wird. Heute können Brutapparate programmiert werden und regeln alle wichtigen Prozesse.

Bei der *Aufzucht mit einer Glucke* hält man die empfindlichen Küken eine Woche im Stall, wobei die Putenmutter bis zu 20 Küken führen kann. Die Raumtemperatur sollte dann um 20 °C betragen. Der Raumbedarf liegt bei 3 bis 4 m². Eine Trutenglucke nimmt auch fremde Putenküken an. Ab der 2. Lebenswoche kann die Glucke mit den Küken in den Grasauslauf, wobei sich kleinere Drahtgehege mit einer Fläche von 3 bis 4 m² bewähren. Das Gras sollte abgetrocknet sein. An warmen Tagen ist zu schattieren.

Im Kükenabteil gibt man den Putenküken kleinere Futtertröge und Tränken.

Bei *künstlicher Aufzucht* sollte die Raumtemperatur etwa 25 °C betragen, die Wärmequelle heizt in Kopfhöhe der Küken zwischen 35 und 38 °C auf. Der Stall ist zwei Tage vor dem Einbringen der Küken aufzuheizen. Wöchentlich kann die Temperatur um 2 bis 3 °C abgesenkt werden. Es ist darauf zu achten, dass in den ersten fünf Tagen alle drei bis vier Stunden gefüttert und getränkt wird.

In den Kükenring aus Wellpappe oder Pressholz kommen Hobelspäne von unbehandelten Weichhölzern. Auch eine Haltung auf Gittergeflecht kann vorgenommen werden. Bringt man die Späne ein, so schichtet man diese 5 bis 10 Zentimeter hoch auf. Man hängt eine Lampe mit etwa 100 Watt einen Meter hoch über dem Ring auf, damit die Küken in den ersten Tagen das Wasser finden. Dann kann die anfängliche Lichtstärke von 120 Lux auf 20 bis 30 Lux gemindert werden, was mit 60- bis 40-Watt-Birnen erreicht werden kann.

Mit grünen oder blinkenden Birnen können die Küken schnell ans Futter gebracht werden.

Die Küken müssen stets trocken und zugluftfrei gehalten werden. Durch erneutes Einbringen von Spänen wird ständige Trockenheit erreicht. Frisch eingesetzte Küken kann man am Futterbrett füttern. Ein einmaliges Aufstreuen von Traubenzucker lockt die Kleinen ans Futter. Wichtig ist die gute Belüftung, die beständig frische, sauerstoffreiche Luft, ohne Zug zu erzeugen, einfallen lässt und so für den Abzug von Schadgasen und Luftfeuchtigkeit sorgt. In der 2. Woche löst man die Ringe auf. Die Küken gewöhnen sich dann aber nur schwer an neue Tröge und Tränken. Beim Abbau des Kükenringes sind Temperaturstürze zu vermeiden. Allenfalls darf die Temperatur um 2 °C absinken.

Die Futtergefäße können wie bei der Hühnerhaltung verwendet werden, wobei man sich aber nach den kleinsten Tieren zu richten hat. Bei warmen Außentemperaturen und abgetrockneten Ausläufen kann man die Tiere ab der 4. Woche ins Freie lassen, wobei die Putenküken aber niemals ausgesperrt werden dürfen. Man lässt die Tiere nur stundenweise ins Freie, füttert und tränkt aber hier nicht. Mit der 4. bzw. 5. Lebenswoche können die Kleinen gut fliegen. Im Alter von sechs Wochen können die Jungputen im Sommer schon so weit hart sein, dass die Stalltemperatur der Außentemperatur entsprechen kann. In kalten Sommernächten muss allerdings immer noch gewärmt werden.

Putenküken bekommen in den ersten 6 Wochen Starterfutter. Bei Hennen kann man dieses nach 4 bis 5 Wochen weglassen, da sie langsamer als Hähne wachsen. Auch junge Hähne kommen gewöhnlich schon mit 5 Wochen bei dieser Fütterung aus. Künftige Zuchttiere bekommen mit 12 bis 14 Wochen das entsprechende Futter.

Ab der 7. Lebenswoche kann man die Jungtiere auf Mast setzen. Sind die Jungputen gut befiedert, können sie längere Zeit

Putenküken im Aufzuchtring mit Futterrinne und Stülptränke

Geflügelhaltung mit Puten in Guatemala

im Auslauf verbringen, wobei die Gefahr von Krankheiten bestehen kann. Wichtig sind Schatten und Windschutz.

Puten gelten zwar als Weidetiere, doch infolge der hohen Wachstumsgeschwindigkeit ist vor allem bei Masttieren wirkstoff- und energiereich zu füttern.

Weidehaltung ist wichtig, aber die Ausläufe müssen gepflegt, trocken und hygienisch einwandfrei sein. Füttern sollte man stets im Stall, während man Tränken auch in den Ausläufen aufstellen kann. Jungputen ertrinken leicht in tiefen Tränken, bei Stülptränken passiert dies kaum. Später kann man Rinnentränken in Flügelhöhe aufhängen. Puten nehmen etwa das Zweieinhalbfache der täglichen Futtermenge an Trinkwasser auf. Spritzwasser im Stall begünstigt aber Krankheiten.

Bei künstlich aufgezogenen Trutenküken gibt man bis zum Alter von fünf oder sechs Wochen Starterfutter. In Wirtschaftszuchten wird Mast- und Endmastfutter, für Truthähne ab der 19. Woche Finisherfutter gereicht.

Während das Starterfutter etwa 28% Rohprotein enthält, reduziert sich der Wert auf ungefähr 23, 18 und 14% bei den nachfolgenden Futtermitteln. Der Energiegehalt steigt dann aber. Für Wirtschaftszuchten gibt es Hybriden als Putenmasttiere. Die eigentliche Mast beginnt meist mit der 7. Lebenswoche.

Rassezüchter geben zuerst reichlich Grünfutter, dazu Mineralstoffe und Vitamine. Später kann man auch Alleinfutter für Puten reichen. Bei schweren Schlägen ist eine restriktive Fütterung angebracht. Bewährt haben sich auch Pellets. Handelsfutter für Puten enthält auch Zusätze gegen Kokzidiose und gegen die Schwarzkopfkrankheit. Vor der Schlachtung sind diese Mittel etwa 3 bis 5 Tage zuvor wegzulassen.

Unsachgemäße Fütterung führt zu Schäden. Eine Unterversorgung mit Mineralien und Wirkstoffen setzt die anfängliche Wachstumsgeschwindigkeit herab. Bei Futtermitteln mit hohem Nährstoff- und Energieanteil erfolgt die Mineralisierung des Knochengerüstes nicht zeitgerecht.

Helle, luftige Nester, eine gute Ausleuchtung und Ventilation im Putenstall verhindern die unerwünschte Brütigkeit bei den Puten. Ein Umtrieb brütiger Tiere an drei Tagen durch drei verschiedene Abteilungen ist möglich, aber auch das Aufhängen der brütigen Henne in einem Entwöhnungskäfig oder das Einsperren der brütigen Henne zusammen mit einem Truthahn in einem Stallabteil ohne alle Einstreu. Es gibt auch Medikamente gegen die Brütigkeit.

Zwölf Farbenschläge der Hausputen werden bei uns nach der Musterbeschreibung des Bundes Deutscher Rassegeflügelzüchter e.V. (BDRG) gezüchtet. Nachstehend drei Beispiele.

Farbenschläge

Bronzefarbig

Brust, Hals, Schultern und Flügelbug sind im Grundton schwarz mit starkem Bronzeglanz und schillern in allen Regenbogenfarben. Die Schulterdeckfedern zeigen tief samtschwarze Säumung, die seitlichen Brustfedern beim Hahn tief samtschwarzen, bei der Henne dunkelsandfarbigen bis dunkelbraunen Saum. Schwarzbraun mit hohem Glanz und hellerem, schmalem Endsaum sind die Flügeldeckfedern. Jede Rückenfeder von den Schultern bis zum Schwanz soll ein möglichst breites (1–2 cm) gold- bis violettrot schillerndes Bronzeband zeigen, das am Ende der Feder von einem schmalen samtschwarzen und einem breiteren kastanienbraunen Streifen abgeschlossen wird. Die Flügel schmückt ein breites olivgrün-bronzefarbiges Querband, das mit einem glänzend schwarzen, samtartigen Band abschließt. Schwingenfarbe schwarz, mit grauweißen Querbändern gleichmäßig scharf gestreift. Schwanzfedern sehr breit, schwarz mit brauner Bänderung; am Ende der Feder zeigt sich ein 1 bis 2 cm breites Bronzeband, das von einem dunkelsandfarbigen bis goldbraunen Streifen, je dunkler, desto besser, abgeschlossen wird. Auf den großen Schwanzdeckfedern ist das Bronzeband beim Hahn unverzichtbar, bei der Henne ist es anzustreben. Die Schenkelfedern sind schwarz und haben eine nach dem Ende zu 1 bis 2 cm breite Bronzeplatte, die beim Hahn mit einem samtschwarzen, bei der Henne mit einem braunen Saum abschließt. Das Untergefieder ist schwarz, die Lauffarbe ist dunkelbraun, bei älteren Tieren rot bis rotviolett.

Grobe Fehler: Fehlendes Bronze; einfarbig schwarze Flügelfedern ohne Zeichnung; viel Weiß in den Schwingen; weiße Rücken- und Schwanzdeckensäumung; von oben sichtbar überzeichneter Schwanz; heller Brustsaum bei Junghennen und schwarzer Rücken bei beiden Geschlechtern.

Bourbon
Der Hahn ist am ganzen Körper dunkelbraunrot gefärbt. Alle Federn zeigen schmalen, schwarzen Endsaum, mit Ausnahme der oberen Halsfedern, des Un-

Cröllwitzer Puten (Zuchtrasse) in einer mit einem Netz überspannten Voliere

terrückens und der großen Schwanzdeckfedern. Schwingenfarbe weiß, obere 6 Armschwingen leicht braunrot auslaufend. Schwanz weiß, vor dem Ende ein roter, weiß gesäumter Querstreifen. Das Untergefieder ist lachsfarbig.

Die Henne besitzt die gleiche Grundfarbe wie der Hahn, jedoch keine schwarze Federendsäumung. Lediglich das Brustgefieder hat einen schmalen weißen Endsaum. Die Lauffarbe ist rötlich braun, bei Alttieren bis rotviolett.

Gr. Fehler: Roter Schwanz; rote Schwingen; fehlende Säumung.

Kupfer
Leuchtendes, sattes Kupferbraun mit lebhaftem Glanz. Möglichst gleichmäßiger Farbton des Obergefieders. Die Federn auf Hals, Brust, Bauch, Rücken und Flügelbug zeigen eine feine, 1 bis 2 mm breite schwarzblau glänzende Endsäumung beim Hahn. Bei der Henne ist diese Säumung noch nicht so ausgeprägt, aber anzustreben. Schwingen und Schwanzfedern ohne diese Säumung. Dagegen haben die Schwanzfedern an ihrem äußeren Ende eine ca. 2 cm breite, hellere braune Säumung mit einer etwa gleich breiten dunkelbraunen Binde davor. Zugunsten der Schwanzbinde ist eine leicht angedeutete Wellenzeichnung gestattet. Gelbgraues Untergefieder; Federkiele rotbraun. Der Henne fehlt der starke Glanz; die Farbe darf jedoch nicht stumpf sein. Die Lauffarbe ist fleischfarbig bis rosa.

Gr. Fehler: Weißes Untergefieder sowie weißer Schwanz; weiße Schwingen und Federkiele, grobe Säumung.

Weitere zugelassene Farbenschläge sind: Weiß, Schwarzflügel, Schwarz, Rotflügel, Cröllwitzer, Narragansettfarbig, Blau, Rot und Gelb.

Nach rund 100 Jahren Putenzucht in Deutschland konnte die Ausstellungssaison im Jahre 2007 mit einem Höchststand der Zucht abschließen.

Grüner oder Ährenträgerpfau

Pfauen

Pfauen leben in mehr offenen Landschaften mit etlichem Buschwerk, auf Waldlichtungen und an Flussufern. Hier suchen sie nach Samen, Beeren, Früchten und Insekten. Die kräftigen Oberschwanzdecken sind in Ruhestellung zusammengelegt und werden wie eine Schleppe getragen, dann aber zum Fächer aufgerichtet, wenn der Pfau sein bekanntes „Rad“ mit den flach verzierten „Augen“ schlägt.

Zweifellos mit zum ältesten Ziergeflügel überhaupt zählen die Pfauen. Die asiatischen Pfauen gehören zu den größten Phasianiden der Alten Welt. Am bekanntesten ist der *Blaue Pfau* (Pavo cristatus), der in Unterarten Vorder- und Hinterindien bewohnt.

Das Hauptmerkmal beim *Blauen Pfau* sind die Oberschwanzdecken, die den Schwanz erheblich überragen und zusammengelegt wie eine Schleppe getragen werden. Bei der Balz werden sie zum bekannten Rad ausgebreitet. Die Federn zeigen den unvergleichlichen Schimmer in Gold, Grün sowie Bronze und haben kurz vor dem Ende die dunkelblauen, rundlichen Augenflecke. Diese sind blau, golden, grün und lila eingefasst, aber nicht erhaben wie bei den Pfaufasanen. Die Armschwingen und deren Decken sind schwarz mit bläulicher Säumung. Die Handschwingen sind rotbraun, die Decken bläulich. Den Kopf schmückt oben eine Federkrone. Die Halsfedern sind bläulich. Die Rückenfedern wirken schuppig und schillern grün und lila. Sie sind schwarz gesäumt. Die Flügeldecken sind bläulich und zeigen schwärzlich-grüne Bänder. Das Gesicht ist nackt und weißlich. Hahnenläufe zeigen Sporen. Die Hennen sind unscheinbar gefärbt und graubraun, an der Kehle weißlich. Die Halsfedern sind grünlich. Der untere Hals, die obere Brust und der obere Rücken zeigen ein schillerndes Grün.

Als Mutationen kommen der *Schwarzflügelpfau,* der *Weiße Pfau* und der *Gescheckte Pfau* vor. Mischlinge mit dem Grünen oder Ährenträgerpfau und dem Blauen Pfau sind als *Spalding-Pfauen* bekannt.

Während der Blaue Pfau seit unvordenklichen Zeiten zahm gehalten wird, ist der *Grüne oder Ährenträgerpfau* (P. muticus) infolge seiner Aggressivität mit all seinen Unterarten und auch infolge von Haltungsansprüchen weniger für den Liebhaber als Ziervogel geeignet. Der Grüne Pfau kommt in Hinterindien bis nach Südchina hin vor und lebt auch auf den großen südostasiatischen Inseln.

Der Grüne oder Ährenträgerpfau kommt in mehreren Formen vor. Er ist ein größerer Vogel, der hochbeiniger steht als der Blaue Pfau. Auf dem Haupt tragen die Hähne einen großen Schopf. Hals und Rücken sind schuppenförmig mit grün schimmernden Federn besetzt. Die größeren Federn zeigen eine dunkelblaue Mitte mit goldgrüner

Blauer Pfau mit imponierendem Radschlag

Säumung. Flügeldecken und Armschwingen sind schwarz mit Grün- und Blauglanz. Das nackte Gesicht ist hellblau, zum Ohr hin gelblich. Die Hennen ähneln in der Färbung den Hähnen, aber sie tragen keinen Schweif. Ihre Rückenfedern wirken nicht schuppig angeordnet und sind weniger glanzreich.

Ein heimlicher und sehr scheuer Waldvogel ist der afrikanische *Kongopfau* (Afropavo congensis) aus dem Kongoregenwald. Von diesem seltenen Vogel wurde schon Nachwuchs aufgezogen.

Beim Kongopfau ziert den Hahn ein weißes Federbüschel auf dem Haupt. Dahinter stehen aufrecht schwarze Federchen. Der Hals ist rot und nur wenig befiedert. Sonst ist der Hahn schwarz mit Metallglanz. Die Schwingen schillern dabei mehr rötlich-lila. Die Schwanzdecken sind länger. Hennen tragen einen kleineren Kopfschmuck. Die Oberseite ist braun mit schwarzen Flecken und Grünschiller. Die Unterseite ist grünlich mit braunen Tupfen. Hähne tragen Sporen, Hennen dagegen nicht.

Haltung und Zucht

Blaue Pfauen und ihre Abkömmlinge eignen sich für die *Freilaufhaltung* in großen

Kongopfau

Ausläufen, Gärten, Höfen und Parks, wo die Vögel ganzjährig frei gehalten werden können und für die Nacht Bäume zum Übernachten zur Verfügung stehen. *Kalthäuser* sollten 3×3 m messen und eine Höhe von gut 3 m aufweisen. Die Sitzstangen sollten möglichst 1,50 m hoch sein, damit die Tiere nicht die Schweiffedern bestoßen. Als *Futter* kann man Hühnerfutter, wenig Mais im Winter, Gerste, Schälhafer, allerhand Grünzeug und Weichfutter mit gekochten Kartoffeln, Weizenkleie, Mohrrüben, Knochenschrot und Fischmehl reichen. Ebenfalls ist pelletiertes Trutenfutter üblich.

Blaue Pfauen sind überdies standorttreu, untereinander und zusammen mit anderem Geflügel verträglich. Auf einen Hahn kommen im Freiauslauf vier bis fünf Hennen. Wenn Pfauen in Gehegen gehalten werden, kann man der Henne ein *Nest* herrichten, in das zuunterst Rasenstücke, dann eine Moosschicht und obenauf eine Schicht von Heu kommen. Das erste gefundene Ei wird dann hier hinein gelegt, woraufhin die Henne die anderen Eier dort ablegt. Entnimmt man das erste Jahresgelege, so erfolgt ein weiteres. Man erhält auf diese Weise um die 25 Pfaueneier. Allgemein belassen die Züchter der Pfauenhenne das dritte Gelege und geben die beiden ersten Gelege an *Puten-* oder kräftige *Hühnerglucken,* die sich schon bewährt haben; denn sie müssen 28 Tage brüten und dann führen.

Pfauenküken bringt man mit ihrer Mutter oder Amme in einem großen Aufzuchtgelass unter. Den Aufzuchtkasten kann man sowohl im hellen Stall wie im Gehege unterbringen. Bei Ammen muss man aufpassen; denn wenn die Küken nicht richtig fressen wollen, muss man mit der Fingerkuppe aufs Futterbrett klopfen oder das *Futter* mit einer Pinzette vorhalten. Oder aber man gesellt farblich ähnliche Hühnerküken hinzu, die den Pfauenküken die Futteraufnahme vormachen.

Als *Kükenfutter* dienen heute meist Putenkükenstarterfutter in mehliger oder feinkrümeliger Form, Quark, Grünzeug, Hirse und Mehlwürmer. Im Freilauf suchen sich die Pfauenküken viel Futter selbst. Junge Hennen legen im zweiten Jahr, junge Hähne zeigen die schöne Schleppe nach drei Jahren.

Amherstfasan

Fasanen

Schon im Altertum gibt es Berichte über die *Fasanen* (Phasianinae), eine Vogelgruppe mit langen Schwänzen und meist starken Farbunterschieden in den Geschlechtern. Schon Herodot gibt eine Be-

Goldfasanen erfreuen den Betrachter durch ihre auffällige Farbgebung.

schreibung des Vogels Phönix, welche so ziemlich auf den Goldfasan passt. Denn auch die ursprüngliche Bedeutung des Wortes „Phönix" meint die Purpurfarbe.

Seit alters her wurden Fasanen an den Fürstenhöfen gehalten. In sogenannten Fasanerien hielt man die schönen Vögel einzeln oder paarweise. Fasanen leben mit 13 Gattungen und 29 Arten in Asien. Jagdfasanen wurden in vielen Teilen der Erde als Jagdwild ausgewildert. Vom *Jagd- oder Edelfasan* (Phasianus colchicus) gibt es 34 Unterarten.

Schon um 1250 waren Fasanen bei uns in Deutschland am Rhein häufig. Die ausgewilderten Edelfasanen sind Mischvögel aus allen möglichen Regionen Asiens. Mutationen des Jagdfasans sind der Tenebrosus-Fasan, der Isabellfasan, der Weiße und der Gescheckte Jagdfasan. Leider sind die Vögel schreckhaft und verletzen sich bei vermeintlicher Gefahr im Gehege durch kopfloses Auffliegen oder Gegenrennen.

Zu den Kragenfasanen zählt der bekannte *Goldfasan* (Chrysolophus pictus) aus China, von dem es als *Mutationen* den Lutino-Goldfasan, den Zimtfarbenen Goldfasan, den Lachsroten Goldfasan und den Dunklen Goldfasan gibt. Diese Fasanen sind auch Anfängern in der Ziergeflügelhaltung zu empfehlen. Sie ertragen auch niedrige Temperaturen in einem Schutzhaus, wenn man eine dicke Strohaufschüttung vorbereitet und die Sitzstangen herausnimmt, sodass keine Zehen erfrieren. Die Hennen brüten zuverlässig und führen gut. In größeren Gehegen kann man sogar mehrere Hähne ohne Hennen beisammen halten. Wichtig ist eine Beschattung, damit die Gelbtöne nicht ausbleichen.

Auch der *Amherst-* oder *Diamantfasan* (Chrysolophus amherstiae) wird gerne gehalten. Außerdem ist er klimahärter. Nur sind viele Hähne gegenüber ihrer Henne sehr aggressiv, sodass man diese vor dem männlichen Tier schützen muss. Auch mehrere Hennen in einer Voliere können sich bekämpfen. Die Küken sind empfindlicher als Goldfasanenküken.

Persischer Edelfasan

Silberfasan

Sehr empfehlenswerte Vögel sind auch die *Silberfasanen* (Gennaeus nycthemerus), von denen es etliche Formen gibt. Die schönen Vögel sind anspruchslos und klimahart bei uns. Sie können selbst im Freilauf gehalten werden. Die Hähne sind allerdings kampfeslustig und gehen anderes Geflügel, vor allem Fasanenarten, an. Zur Zucht nimmt man mehrere Hennen zu einem Hahn. Die Hennen sind untereinander verträglich und brüten zuverlässig. Sie bewähren sich auch als Ammen für andere Fasanenarten. Die Hähne sperrt man von den Gelegen weg. Die gelegten Eier werden gegen künstliche Eier ausgetauscht und erst bei beginnender Brut untergelegt. Man muss die Gelege aber auch vor fremden Fasanenhennen schützen, weil diese ein Gelege vernichten können.

Fasanenarten

Blutfasanen (Ithaginis) zeigen verschiedenfarbige Geschlechter und bewohnen Wälder und Gebüschzonen von 3000 bis 4500 Metern in Asien.

Koklassfasanen (Pucrasia) sind mit einer Art und vielen Unterarten in Gebirgswäldern Asiens unterschiedlicher Höhen zu Hause.

Glanzfasanen (Lophophorus) leben mit drei Arten in hoch liegenden asiatischen Gebirgswäldern. Es sind zwar plump wirkende Hühnervögel der Hochgebirge, aber sie zeigen leuchtende Farben.

Bei den *Schwarz- und Silberfasanen* (Gennaeus) mit der westlichen Gruppe der dunkelfüßigen Schwarzfasanen und der rotfüßigen der Silberfasanen ist der Silberfasan der bekannteste Vogel. Diese Fasanen sind Gebirgsbewohner in Asien.

Feuchte Gebirgswälder nur mittlerer Höhenlagen bewohnen in vier Arten die *Blaufasanen* (Hierophasis) in Taiwan und Vietnam.

Auf der Malaiischen Halbinsel und den beiden großen Inseln Borneo und Sumatra kommen die *Haubenlosen Malaiischen Hühnerfasanen* (Houppifer) vor.

Das gleiche Gebiet bewohnen die *Feuerrückenfasanen* (Lophura).

Der *Bulwer- oder Weißschwanzfasan* (Lobiophasis) lebt im Inneren von Borneo und ist eine hoch spezialisierte Art.

Bei den *Ohrfasanen* (Crossoptilon) sind die Geschlechter gleich gefärbt. Diese großen und schweren Vögel sind innerasiatische Hochgebirgsbewohner. Die Arten werden sehr zutraulich.

Den westlichen Himalaja bis in 3000 m Höhe bewohnen die *Wallichfasanen* (Catreus).

Bindenschwanzfasanen (Syrmaticus) haben bei einigen Arten äußerst lange Schwanzfedern. *Kupferfasanen* (Syrmaticus) kommen in Japan vor.

Die *Jagdfasanen* (Phasianus) bewohnen Eurasien. Man kennt von ihnen fünf Gruppen: *Schwarzhalsfasanen* (Colchicus-Gruppe), *Weißflügelfasanen* (Principalis-Chrysomelas-Gruppe), *Kasachstanfasanen* (Mongolicus-Gruppe), *Tarimfasanen* (mit Unterarten shawi und tarimensis) sowie die *Graubürzelfasanen* (Torquatus-Gruppe).

Bei den *Kragenfasanen* (Chrysolophus), welche in den Gebirgen Chinas, Tibets und Myanmars leben, finden wir auch die bekannten Arten *Gold-* und *Amherst- oder Diamantfasan,* gerne gehaltene Arten.

Pfaufasanen (Polyplectron), die manchmal auch Spiegelpfauen genannt werden, besitzen etwas erhaben gestaltete Augenflecke. Diese wunderschönen Vögel sind Bewohner dichter tropischer Wälder, in deren Unterholz sie leben. Pfaufasanen leben in Hinterindien und auf indonesischen Inseln. Die Vögel besitzen 20 und mehr Steuerfedern. Der *Rothschild-Pfaufasan* (Polyplectron inopinatum) aus den Gebirgswäldern Malaysias hat einen dunkelgrauen Kopf und Hals mit hellen Strichen. Die Art ist sonst rotbraun. Auf dem Nacken und auf den Flügeln sind kleine blaue Augenflecke. Die 20 Steuerfedern des Schwanzes sind mit Flecken versehen. Metallisch schimmernde Flecken nehmen die Augengestalt an. Der *Braune Pfaufasan* (P. germaini) aus Hinterindien ist schwarzbraun gefärbt. Mantel- und Flügelfedern sind mit großen runden Augenflecken besetzt, die lilablau bis grün schimmern und eine schwarze bis goldbraune Umrandung zeigen. Diese Augen sind erhaben, können also gefühlt werden. Auch der Schwanz mit seinen 20 Federn trägt Augenflecke. Der *Graue Pfaufasan* (P. bicalcaratum bicalcaratum) zeigt helle blaue bis purpurfarbige Augenflecke mit weißlichen Säumen. Die Henne ist kleiner und dunkel, dazu unregelmäßig gezeichnet. Der *Malaiische Pfaufasan* (P. malacense malacense) zeigt eine grüne Haube und gelbliches Gesicht. Er besitzt auf dem Nacken, auf den Flügeln und auf dem Schwanz blau glänzende Spiegelflecken mit gelblichen Säumen. Die Oberschwanzdecken tragen an den längsten Federn zwei große blaugrüne Spiegelflecke. Auch auf dem Schwanz sind Augenflecke. Die Hennen tragen eine kürzere Haube und Mähne. Als schönste Art gilt der *Palawan-Pfaufasan* (P. emphanum) von der Palawan-Insel. Der Hahn trägt einen spitzen Federschopf. Der hintere Rücken und der Bürzel sind rotbraun und schwarz gefleckt. Die dunklen Schwanzdecken zeigen große

Palawan-Pfaufasan

Malaiischer Argusfasan

blaugrüne Augenflecke mit schwarzen und grauen Umrandungen. Die 22 bis 24 Steuerfedern tragen je zwei Augenflecke. Die Henne ist bräunlich und trägt den Scheitel angelegt. In der Balz zeigt sich das männliche Tier wie ein flacher runder Fächer.

Bronzeschwanz-Pfaufasanen hält man als Züchter einzeln, weil die Hähne sonst auf die Hennen losgehen. Man setzt notfalls den Hähnen auch Brillen wie in der Rassegeflügelhaltung auf.

Die Pfaufasanen werden zutraulich und sind überaus angenehm im Wesen. Im Auslauf benötigen sie Gebüsch als Versteck. Sie fressen Körner, kleinen Weizen, kleine Gerstensorten, geschälten Hafer, Hirsesorten, Buchweizen, ungeschälten Reis, weiter Beeren und Früchte oder Pellets. Im Winter gibt man Rosinen. Mehr als die anderen Fasanen fressen diese Tiere Fleisch, Garnelenschrot, Mehlwürmer oder Ameisen. Die künstliche Aufzucht erfolgt mit sehr leichten Hühnerglucken oder im Brüter bei 45 bis 55 % relativer Luftfeuchtigkeit. Weil den Jungen in den ersten Tagen von der Mutter das Futter vorgehalten wird, muss der Züchter bei künstlicher Erbrütung dies mit einer Pinzette bei den Küken vormachen. Nach einigen Tagen fressen die Küken auch alleine, wobei eine abwechslungsreiche Kost für das Aufkommen wichtig ist, ebenso Wärme und Ruhe.

Als Tropenvögel müssen die Pfaufasanen entsprechend warm im Schutzhaus gehalten werden. Infolge der Befiederung sind die Sitzstangen hoch genug anzubringen. Schutzhaus und Gehege müssen geräumig sein.

Rheinartfasanen (Rheinardia) kommen in nur einer Art mit zwei Unterarten vor. Diese Vögel bewohnen Vietnam und Malaysia.

Argusfasanen (Argusianus) erreichen die Größe von Pfauen. Ihre Augenflecke sind völlig flach, zeigen sich aber als „Argusaugen“ wie Kugeln durch Lichtbrechungen. Die Tiere kommen in zwei Unterarten und nur einer Art vor und bewohnen indonesisch-malaiische Wälder. Sie zeichnen sich durch eine umfängliche Balz aus und übertreffen darin alle Hühnervögel. Die Hennen brüten und führen zuverlässig. Die Argusfasanen sind auffällige Schönheiten, die zurückgezogen einzeln oder paarweise in den indonesischen Wäldern leben. Die Henne sucht den Hahn nur bei Brutlust auf. Die Hähne säubern in den Wäldern eine Art Tanzplatz. Die Vögel fressen Samen, Beeren, Früchte, Insekten, Würmer und Schnecken. Die Hennen brüten auf den beiden gelegten Eiern 24 bis 25 Tage. Sie halten den Küken Futter vor, was der Pfleger unter Umständen mit einer Pinzette nachahmen muss. Die Vögel benötigen große, beheizbare Unterkünfte mit einer Höhe von 2,5 bis 3 m und geräumige, trockene Gehege. Arten sind der *Malaiische Argusfasan* (Argusianus argus argus) und der *Borneo-Argusfasan* (A. a. grayi). Die Hähne besitzen 12 Schwanzfedern. Der Malaiische Argusfasan hat auf der Scheitelmitte einen kleinen schwarzen Schopf. Mantel, Schultern und Flügeldecken sind dunkelbraun und hellgelblich gezeichnet. Der Rücken ist mehr ockerfarben und weist schwarze Flecken auf. Ungewöhnlich sind die langen, breiten, an den Enden eckigen Armschwingen, die geränderte Flecken besitzen. Die großen Augenflecke sind völlig flach, erwecken durch Licht und Schattenwurf allerdings den Eindruck von erhabenen Kugeln. Die Hennen sind unscheinbarer in Braun und Schwarz gefärbt.

Prälatfasanen (Diardigallus) bewohnen in einer Art Hinterindien.

Bei den *Tragopanen* oder *Hornfasanen* (Tragopan) sind die Geschlechter sehr unterschiedlich gefärbt, die Hahnengesichter sind mit Ausnahme einer Art nackt, bunt gefärbt und zeigen Hörnchen. Außerdem haben die Vögel einen Kehllatz und auf dem Gefieder Perlaugen. Die Tiere bewohnen Bergwälder in Südostasien und sind nicht einfach zu halten, aber von ungewöhnlicher Schönheit.

Tragopane sind Gebirgsvögel, die in 1000 bis etwa 4000 m ü. NN leben. Hier hausen die Vögel in kalten, feuchten Wäldern und fressen Blattknospen, Blätter, Beeren, Samen und Insekten. In die Gehege dürfen daher keine giftigen Gewächse eingebracht werden. Tragopane sind auch Vögel, die viel auf Bäumen leben. Die Hähne zeigen eine Frontalbalz und scheinen in völliger Einehe zu leben. Gegen Kälte sind die Vögel unempfindlich, brauchen jedoch Schutz vor Sommerhitze, Regen, Schnee und Wind. Die Schutzhütte sollte hoch und nach Südosten offen sein. In der Hütte baumen die Vögel auf Sitzstangen auf. Ausläufe sollten 40 bis 60 m² umfassen. Entlang der Verdrahtung verläuft ein Sandstreifen. Wichtig sind gute Drainagen, da die Tragopane auf feuchten Böden nicht gedeihen. Man bepflanzt die Gehege recht dicht. Denn man gibt in der Liebhaberhaltung einem Hahn zwei oder drei Hennen bei, die sich bekämpfen, wenn sich die Vögel nicht gut verbergen können.

An Futter bekommen Tragopane Obstsorten, Beeren, Gräser und Kräuter. Das Grundfutter kann aus Puten- und Fasanenpellets oder -mehl bestehen. Letzteres wird etwas angefeuchtet und mit Obst, Beeren, geraspelten Mohrrüben und Äpfeln vermischt. Reines Körnerfutter vertragen die Vögel schlecht, verfetten dabei und überleben nicht lange.

Als Nisthilfen dienen Körbe und Holzkisten, die mit Laub und Heu ausgestattet werden. Man bringt sie im Schutzraum ungefähr eineinhalb Meter hoch an. Die Gelege bestehen aus 3 bis 6 Eiern und werden 28 Tage lang bebrütet. Die Hennen versehen ihr Brutgeschäft zuverlässig und führen gut. Die Küken können schon in den ersten Tagen auffliegen und übernachten unter der Mutter im Geäst. Auch bei

Temminck-Tragopane

künstlicher Erbrütung sind daher Möglichkeiten zum Aufbaumen zu bieten. Die Küken entwickeln sich langsam und benötigen ein abwechslungsreiches, gehaltvolles Futter. Am besten gibt man die Küken in Aufzuchthäuschen mit einer elektrischen Wärmelampe, wobei von 6 bis 22 Uhr Licht gegeben wird. Anfangs kann man Putenstarterfutter mit etwas Ei und geriebenem Apfel dreimal täglich anbieten. Das Gemisch ist dann feuchtkrümelig. Mit 10 bis 14 Tagen kommen die Tiere zu mehreren in kleine Volieren von zwei bis drei Quadratmetern auf sandige Böden. Mit sechs Wochen wird das Starterfutter um die Hälfte gesenkt, die andere Hälfte wird durch Junghennenmehl ersetzt. Alles Futter wird mit Obst, Grünfuttersorten und Gemüse in feuchtkrümeligem Zustand zweimal täglich gereicht. Sind die Tragopanküken zwischen sechs und acht Wochen alt und nun voll befiedert, gibt man sie in große Gehege mit natürlichem Grünwuchs.

Tragopane sind sehr zahm und zutraulich, können aber nur von sehr erfahrenen Liebhabern und zoologischen Einrichtungen gehalten werden. Auf Arteneinheit ist strikt zu achten! Diese Vögel gehören zu den absoluten Schönheiten und Kostbarkeiten im Vogelreich.

Die sechs Tragopan-Arten sind in den mittelasiatischen Hochgebirgen beheimatet. Es sind dies der *Hasting-Tragopan* (Tragopan melanocephalus), der *Satyr-Tragopan* (T. satyra), der *Temminck-Tragopan* (T. temminckii), der *Blyth-Tragopan* (T. blythii blythii) mit dem *Molesworth-Tragopan* (T. b. molesworthi) und der *Cabot-Tragopan* (T. caboti caboti) mit dem *Dunklen Cabot-Tragopan* (T. c. guangxiensis).

Häufig gehaltene Fasanenarten

Hier folgt nun eine Aufzählung solcher Arten, die von Liebhabern gerne gepflegt werden und auch dem Anfänger zu empfehlen sind:

Gerne gehalten werden von Anfängern die *Silberfasanen* (Gennaeus nycthemerus), von denen es etliche Formen gibt. Diese Fasanen sind bei uns winterhart und können ähnlich wie Haushühner gehalten werden und sogar Freilauf bekommen. Es sind typische Fasanen für den Anfänger. Störend ist nur die Kampfeslust der Hähne, die auf männliche Tiere anderer Hühnervogelarten losgehen, natürlich auch gegen ihresgleichen. Dem Hahn gibt man mehrere Hennen bei, die untereinander verträglich sind, zuverlässig brüten und am Nest Störungen nicht übelnehmen. Die Hennen dienen häufig auch als Ammen für andere Fasanenarten.

Die Gelege umfassen 6 bis 8 Eier, bei eiweißreichem Futter auch mehr. Die Küken schlüpfen nach 25 Tagen. Junghähne legen im zweiten Jahr das Prachtgefieder an und sind dann zur Zucht einsetzbar. Hennen legen bereits nach einem Jahr. Die Küken sind wenig empfindlich.

Hähne zeigen eine Kopfhaube. Kehle, vorderer Hals und Kinn sind schwärzlich. Die Oberseite ist weiß, auf dem Rücken und den Flügeln zeigen sich dünne Striche, die ein schwarzes V bilden. Die mittleren Schwanzfedern sind weiß. Die Gesichtslappen können gedehnt werden und sind rot. Die Iris ist orangegelb, der Schnabel ist grünweiß, die Läufe sind rot.

Die Hennen sind einfarbig olivbraun und zeigen undeutliche dunkle Sprenkelungen und helle Federschäfte. Bauch und Unterleib sind braun, bisweilen hell gestrichelt. Die äußeren Schwanzfedern sind braun bei weißer und schwarzer Bänderung, die mittleren sind braun gefärbt und dunkel gewellt. Die Haubenfedern am Kopf zeigen schwärzliche Spitzen.

Die hier beschriebene Art G. n. nycthemerus ist die hellste und größte Form der Silberfasanen.

Für den Anfänger sehr geeignet sind die *Goldfasanen* (Chrysolophus pictus), welche zu den Kragenfasanen zählen. Wenn ein kleiner Schutzraum zur Verfügung gestellt wird, sind sie recht wetterfest. Bei großer Kälte entfernt man die Sitzstangen und gibt Strohaufschüttungen zum Sitzen, damit die Zehen nicht erfrieren. In einer Voliere kann man dem Hahn in der Liebhaberhaltung drei Hennen beigeben, die meist untereinander verträglich sind. Im April und Mai lässt der Hahn den Balzruf so oft hören, dass es für die Nachbarn lästig werden kann.

Die Hennen brüten und führen zuverlässig. Sie brüten während der Brutdauer von 24 Tagen fest und verlassen nie das Nest. Sie dienen häufig auch als Ammen. Junghennen werden bereits im 1. Lebensjahr geschlechtsreif, junge Hähne dagegen erst später.

Wenn die Fasanenhennen die Küken führen, können sie bei wirklicher oder vermeintlicher Gefahr sehr aggressiv sein, sodass Vorsicht geboten ist, wenn man Küken einfängt. Die Hähne beteiligen sich ausnahmsweise an der Aufzucht, sind auch den Küken gegenüber meist friedlich. Die dünnschaligen Eier können von Haushuhnammen zerdrückt werden. Die Fasanenhennen selbst sind sehr umsichtig. In größeren Volieren lassen sich zahlreiche Hähne und Hennen zusammen halten. Es ist in der Zucht auf Artenreinheit zu achten!

Der Hahn ist auf der Kopfoberseite mitsamt der Haube goldgelb. Die Kragenfedern zeigen einen schwarzen Endsaum, davor eine Querbinde, wobei die Färbung dazwischen orangegelb ist. Der Vorderrücken ist dunkelgrün, wobei aber die Federenden golden schillern und vor ihrem Ende jeweils eine schwarze Querbinde tragen. Sonst sind Rücken, Bürzel und Oberschwanzdecken gelblich, aber dunkler als die Partie am Haupt. Die seitlichen Bürzelfedern sind dunkelrot an ihren Spitzen. Die seitlichen Oberschwanzdeckfedern sind erheblich verlängert und laufen dunkelrot aus. Die Schwingen sind schwarzbraun. Die Handschwingen haben rotgelbe, die Armschwingen rotbraune Außensäume, die inneren Schwingen rötlich blaue. Die Oberflügeldecken sind schwarzbraun und rotbraun gefleckt. Die Schultern sind rot, die Schwanzfedern braun, mit schwarzen Wellen versehen. Die mittleren Schwanzfedern liegen dachförmig und sind dunkel gemustert. Die Augen sind von nackter bis leicht befiederter Haut gelblich eingefasst. Die Kopfseiten und Zügel sind aufgehellt braun, Kinn und Kehle rotbraun. Die Unterseite ist dunkelrot, die Bauchmitte rotbraun. Die Iris ist hellgelb, die Läufe sind hellgelblich. Meist tragen die Hähne einen Sporn. Die Hennen sind an Kopf und Hals braun mit hellerer Bänderung. Der vordere Rücken ist schwarzbraun und rotbraun mit Bändern versehen. Der hintere Bürzel und die Oberschwanzdecken sind braun mit schwarzer Zeichnung, die Schwingen sind dunkelbraun. Die mittleren Schwanzfedern sind braun mit gelblichen Querbinden. Die Unterseite ist heller bräunlich bis gelblich, die Kehle weißlich. Kropf, Seiten und Unterschwanzdecken sind schwarzbraun quer gebändert. Die nackte Augeneinfassung ist gelbbraun. Die Iris ist braun, Schnabel und Läufe sind hornfarbig hell.

Als Mutationen kommen der Dunkle, der Lachsrote und der Zimtfarbige Goldfasan sowie die Lutinoform vor.

Eine schöne Fasanenart ist auch der *Diamant- oder Amherstfasan* (Chrysolophus amherstiae), der sehr winterhart ist. Allerdings sind die Küken empfindlicher als junge Goldfasanküken. Nachteilig ist, dass die Hähne meist während der Balzzeit sehr aggressiv gegenüber ihren Hennen sind, diese sich selbst auch untereinander bekämpfen. Mit Sichtschutz und hoch angebrachten Sitzstangen kann man sich behelfen. Auch können dem Hahn die Schwingen einseitig beschnitten werden, sodass er der Henne nicht folgen kann, wenn diese hoch aufbaumt.

Beim Hahn sind Stirn und Oberkopf von dunkler bronzegrüner Färbung. Am hinteren Kopfende beginnt die lange rote Haube mit Glanzfedern. Die Kragenfedern sind weiß und schwarzblau gesäumt. Der vordere Rücken ist dunkelgrün, der hintere Rücken ist goldfarben, die Federmitte schillert jeweils blaugrün. Bürzel und Oberschwanzdecken sind nach hinten rot. Die Oberschwanzdecken sind weiß mit blauschwarzer Zeichnung, die Spitzen orangerot. Die Handschwingen sind schwarzbraun, die Außenfahnen weiß gesäumt. Die Armschwingen sind schwarz und innen schwarzblau. Die Schwanzfedern sind an den Außenfahnen bräunlich, an den Schäften weißlich, dazu schwarz quer gebändert. Das mittlere Steuerfedernpaar liegt dachförmig und ist weiß mit schwarzblauen Querbinden. Die Kehle ist dunkel. Der Kopf und dessen Seiten sind mit dunklen, dann grünlichen Federn versehen, die eine schwarze Binde an ihrem Rand besitzen. Die Unterseite ist weiß. Schenkel, Afterregion und Bauchseiten sind mit schwarzen Endbinden versehen. Die Unterschwanzdecken sind schwarz mit grün glänzenden Spitzen. Die Iris ist hellgelb und von einem nackten Ring bläulich bis grünlich eingefasst. Der Schnabel ist grüngelb, die Läufe sind hornfarben mit blauem Anflug.

Die Hennen tragen eine breite schwarze Querbindenzeichnung mit viel Grünglanz. Kopfseiten und Hals, Scheitel, Mantel und Unterkehle sowie die obere Brust sind kastanienbraun mit rotem Anflug. Der Unterbauch ist hell bis weißlich. Wangen und Ohrdecken sind grau mit schwarzen Flecken. Der Rücken zeigt eine Wellenmusterung. Im Gegensatz zu Goldfasanhennen laufen hier die Enden der Schwanzfedern nicht spitz, sondern rundlich aus. Sie haben viele stark ausgeprägte Querbinden und Wellenzeichnungen. Die Iris ist braun und kann bei älteren Hennen gelb oder grau werden. Die Läufe sind blaugrau, die Augeneinfassung ähnlich grau.

Die *Edel- oder Jagdfasanen* (Phasianus colchicus) teilt man in mehrere Gruppen ein. Die einzelnen Formen wurden vielfältig mit der zuerst eingeführten Nominatform verkreuzt. Die Nominatform Phasianus colchicus colchicus stammt aus Transkaukasien und wurde vielfach als Jagdwild ausgesetzt und eingebürgert. Die Gattung unterscheidet sich von anderen Fasanen hauptsächlich durch die 18 Schwanzfedern. Auch die „Ohren" sind als beidseitige Kopfbüschel typisch. Die Hähne tragen Sporen. Neben den schwarzhalsigen Formen kennt man die weißflügeligen Unterarten mit rotbraunem Unterrücken und Bürzel sowie weißlichen Flügeldecken und rötlicher Unterseite; die Kasachstantypen mit rötlich braunem Unterrücken und Bürzel, weißen Flügeldecken und kupferfarbener Oberseite; weiter die Tarimfasanen mit weißlichem Nacken und schließlich die graubürzeligen Rassen mit grünlichem Unterrücken und graugrünem bis blaugrünem Bürzel. Eine erhebliche Farbänderung weist die Form Ph. colchicus mut. tenebrosus auf, die oberseits grün schimmernd ist, während die Hennen rußschwarz mit Schimmer an Kopf, Hals, Brust und Mantel erscheinen.

Die Nester werden unter Büschen angelegt. Die Gelege sind recht groß und enthalten 15 bis 17 Eier, die in 23 Tagen erbrütet werden. Die Küken fressen vor allem Insekten. Die Fasanen leben im Freileben in Einehe. In der Liebhaberhaltung gibt man einem Hahn 4 bis 6 Hennen bei. Diese Fasanen sind schreckhaft, sodass sich lose aufgehängte Netze in der Voliere empfehlen, weil die Vögel auffliegen. Versteckmöglichkeiten und viel Gebüsch sind ebenso wichtig wie ruhiges Verhalten seitens des Pflegers.

Die Fasanen dieser Gruppe sind infolge der vorgenannten Merkmale nicht so ideal wie andere Fasanen, aber sie sind wunderschön. Man muss nur vorsichtig im Umgang mit ihnen sein. Das Auffliegen kann man auch durch das Beschneiden der Innenfahnen eines Flügels eindämmen. Wichtig ist eine Schutzhütte, die etwa 4 m² umfassen und vorne offen sein sollte. Die Sitzstangen werden etwa einen Meter hoch angebracht. Ende März beginnt meist die Balz. Ab der Aprilmitte beginnen die Hennen mit dem Legen. Sie können bis zu 40 Eier bringen. Die meisten Hennen brüten nicht mehr und lassen die Eier irgendwo im Gehege fallen. Man muss diese zweimal täglich einsammeln, um dem Übel des Eierfressens vorzubeugen. Die Eier werden von Hühnerglucken oder künstlich ausgebrütet. Leichte Haushuhnrassen können 12 bis 14 Fasaneneier bedecken. Größeren Rassen kann man bis zu 18 Eier unterlegen. Mit drei Wochen können die Jungfasanen bereits fliegen. Im Herbst sind sie erwachsen.

Zur schwarzhalsigen Gruppe gehört die aus Transkaukasien stammende Nominatform Phasianus colchicus colchicus. Diese Gruppe zeigt meist rotbraune Bürzel. Die Flügeldecken sind braun bis braungelblich. Der Kopf ist glänzend braungrün. Der obere Hals ist vor allem bei der Nominatform schwarzgrün und schillert blau.

Der untere Hals ist rotorangefarbig, vorne mehr bronzen. Die Brust und die Seiten sind von einem bräunlichen Gelb mit blauschwarzen Federsäumen. Die Brustmitte ist dunkelbraun und zeigt Grünglanz. Der vordere Rücken ist gelbrot, wobei die Federn einen schwarzen Mittelfleck und Endsaum zeigen. Die Schultern sind braunrot mit dunklem Fleck an den Spitzen. Der Unterrücken, der Bürzel und die Oberschwanzdecken sind kupfern mit Grün. Die hellbraunen Schwanzfedern zeigen schwarze Binden und dunkelrote Längsstreifung. Die bräunlichen großen Flügeldecken zeigen kupfrig rote Saumseiten. Die Hennen sind von einem gelblichen Hellbraun mit dunklen Wellen und schwarzen Flecken. Der Hinterhals schillert rot.

Haltung und Zucht

Schutzhäuser für die Fasanenhaltung stellt man möglichst an der Nordseite von Gehegen auf. Sie sollten vor Einbruch sicher sein. Ferner dürfen niemals Beutegreifer eindringen. Am besten mauert man das Schutzhaus auf, sodass ein massives Bauwerk vorhanden ist. Für ein Paar oder einen kleinen Stamm rechnet man eine Tiefe von 2 bis 3 m, eine ebensolche Breite und eine Höhe von etwa 2,5 bis 3 m. Für größere Arten kann die Tiefe wie vorgenannt sein, die Breite sollte dann aber 4 bis 5 m und die Höhe bis zu 3,5 m betragen. Empfindliche Arten müssen im Winter und bei Schlechtwetter im Sommer längere Zeit über eingesperrt werden. Sie benötigen also mehr Raum. Vom Vorraum geht eine Tür zu den Abteilen. Schiebetüren im Schutzraum wie in den Volieren sind raumsparend. Die großen Fenster bestehen möglichst aus Milch-, Plexi- oder Gitterglas. Sie sind als Schiebefenster eingerichtet und können noch mit einem „Abfanggitter" versehen sein, das lose angebracht ist und sich beim Gegenfliegen federnd verhält. Türen und Fenster müssen fest schließen, um Zugluft und das Eindringen von kleinen Beutegreifern zu verhindern. Die Fenster sollten in Südrichtung weisen. Bei wetterharten Arten kann auf eine Tür in Richtung Gehege verzichtet werden. Für eine gute Be- und Entlüftung ist, wie üblich in Geflügelställen, zu sorgen. Sauerstoffreiche Frischluft, Stalltrockenheit und viel Lichteinfall sind wichtig. Für Schadluftabfuhr ist zu sorgen.

Für Wärme liebende Arten muss das Schutzhaus beheizt werden. Die Heizkörper sind zu vergittern, um ein Versengen zu vermeiden. Denn die Vögel setzen sich zu gerne auf Heizkörper.

Für Fasanen aus feuchtheißen Gegenden stellt man auf die Heizeinrichtungen Gefäße mit Wasser zum Verdampfen, um die Luftfeuchtigkeit im Stall zu erhöhen.

Für Arten aus feuchtheißen Gebieten ist auch eine Art von Vorraum mit vergitterter Verglasung angebracht, wo die Vögel wettergeschützt und im Warmen sich ergehen können, wenn die Volieren zu kühl für sie sind.

Für viele Arten sind Einzelabteile erforderlich, sodass man die Vögel einzeln, paarweise oder in kleinen Stämmchen gemeinsam unterbringen kann. Oft müssen die Fasanen nach Geschlechtern getrennt gehalten werden. Dann sind auch von diesen Abteilungen Ausschlüpfe in getrennte Gehege einzurichten.

Der Stallboden kann aus einem Zementglattstrich bestehen. Man kann aus Gründen der Wärmehaltung hierauf noch eine wasserabweisende, nicht ausgasende Spanplatte aufbringen. So können die Boden rasch gereinigt und desinfiziert werden. Viele Züchter bringen dann noch Sand oder nicht staubenden Torfmull, Häcksel oder ähnliche Materialien ein. Es ist aber zu beachten, dass hierdurch Pilze und sonstige Keime gefördert werden und überleben können.

Die Sitzstangen lässt man berindet. Sie haben einen Durchmesser von etwa 3 bis 5 cm und werden normalerweise in Höhen von gut 1 m bis zu etwa 1,50 m angebracht, bei langschwänzigen Arten 2 m hoch oder höher. Der Abstand von allen Wänden muss groß genug sein, damit die Schleppen nicht bestoßen werden.

Wichtig ist für viele Arten, dass Sichtblenden zu den anderen Abteilen im Stall wie in den Gehegen angebracht werden. Diese können 60 cm bis 1 m hoch sein.

Fasanenausläufe sollten sehr groß sein. Man rechnet für solche Gehege zwischen 20 und 40 m² für kleinere Arten. Größere benötigen mehr Raum. Meist werden Rechteckformen gewählt. Die Gehegehöhe sollte mit dem Schutzraum gleich sein, um ein Gegenfliegen ans Schutzhaus beim Einfliegen in dasselbe zu vermeiden.

Gehege werden am besten aus dauerhaften Materialien errichtet, sodass man mit einem nicht rostenden Eisengerüst und kunststoffummanteltem Maschendraht am besten fährt. Enge Maschenweiten von 15 bis 20 mm und eine Stärke von etwa 1,6 bis 1,8 mm haben sich am besten bewährt. Eine grüne Ummantelung des Drahtgeflechtes erlaubt es später, die Tiere von außen gut betrachten zu können.

Das Drahtgeflecht oben sollte nur locker aufliegen, um beim Gegenfliegen federnd nachzugeben. Bewährt haben sich hier auch Kunststoffnetze aus Fasern.

Bepflanzte Fasanenvoliere

Gewöhnlich wird ein Betonboden mit Glattstrich geschaffen. Seitlich werden Sockel aufgemauert, in welche man sogleich die Löcher für das spätere Metallgestell einbringt.

Der Boden kann etwas schräg gehalten werden. Das hat den Vorteil, dass man die Volieren mit einem Wasserschlauch später ausspritzen kann. Seitlich nimmt eine Rinne das Spritzwasser auf. An ihrem Ende ist ein Abzugsloch, das gegen Eindringlinge gut verdrahtet sein muss. Auch Regen- und Schmelzwasser läuft in solchen Gehegen gut ab. Gegen Beutegreifer hilft eine doppelte Maschendrahtführung an den Außenseiten. Enge Maschendrahtgeflechte „schlucken“ enorm viel Licht, was man mit einem Fotometer (Lichtmesser an der Kamera) leicht selbst ausprobieren kann. Weil sich Fasanen ihre langen Schwänze beim Entlanglaufen an den

Außenseiten der Gehege bestoßen, kann man die jeweils rechten Winkel auf etwa 135 Grad „abrunden", sodass das Bestoßen kaum mehr vorkommt. Ebenso sind an den Längsseiten Laufpfade von etwa 50 cm Breite mit Sand zu schaffen, wenn auf den Betonboden eine Einlage kommt: Dies verhindert das Verschlammen der ständig belaufenen Wege.

Auf den Gehegebetonboden kann man Erdreich einbringen und Kübelpflanzen stellen. Der eingebrachte Boden sollte von Zeit zu Zeit wieder durch frischen ausgetauscht werden. Dann kann der Zementestrich abgespritzt und alles desinfiziert werden. Naturböden haben nämlich den Nachteil, dass sie durch die ständigen Ausscheidungen der Vögel bald hoch keimbelastet sind.

Fasanen vernichten in kurzer Zeit alle möglichen Pflanzen und Gehölze. Es ist daher von Vorteil, Wacholder, Latschenkoniferen, Bambus usw. einzustellen. Die Pflanzenkübel können von Zeit zu Zeit mit neuen Gewächsen bestückt werden. Bei Arten aus großen Höhen mit klarer Luft, die also Kälte liebend sind, kann man von Süden her kleine Gehölze anpflanzen, die zugleich das Schutzhäuschen beschatten.

Lässt man das Schutzhausdach an der Gehegeseite weit vorspringen, so hat man zugleich einen trockenen Gehegeraum, wo die Vögel vor Sonne, Regen und Schnee geschützt sind. Gefüttert wird in geeigneten, sauberen Futtergefäßen. Durchlauftränken gewährleisten zwar stets frisches, klares und kühles Wasser, doch kann man in ihnen keine Zusätze anbieten. Daher haben auch sonstige Geflügeltränken ihre gute Berechtigung.

Voliereneintritte von außen sollten Schleusen besitzen, sodass ein Entweichen von Vögeln vermieden wird. Schiebetüren innerhalb der Volieren sind platzsparend. Alle Türen müssen gute Sicherungen haben.

Tragopane nehmen feuchten Sand auf und verspritzen das Tränkenwasser. Dies ist im Hinblick auf krank machende Keime nicht unbedenklich. Daher gibt man diesen Vögeln Tränken mit einem aufgebrachten Maschendraht, sodass sie das Wasser nicht verspritzen können.

Türen nach außen sollten unbedingt diebstahlsicher und niemals nur mit einfachen Stöpseln versehen sein.

Pflanzen bringt man am besten mittig in einer Voliere ein, um hierdurch Deckung und Sichtschutz zu schaffen, aber außen genügend Bewegungsraum zu erreichen.

Naturbrut gelingt am besten in Zuchtvolieren mit anschließendem Schutzraum, der verschlossen wird. Man stellt im Innenraum flache Kistchen von ungefähr 30×30×20 cm auf oder gibt auch kleinere Körbchen in die Ecken oder hängt diese auf. Alles wird mit Koniferenzweigen verblendet, sodass die brütende Henne sich sicher fühlt. Die Nisthilfen müssen gegen Winterende eingebracht werden.

Es ist nur wichtig, dass die Fasanenhenne allein bleibt, der Hahn und weitere Bewohner also weggesperrt sind. So kann die Henne unbehelligt brüten, der Schlupf der Jungfasanen geht planmäßig vor sich. Sind die Küken etwa zwei Wochen alt, kann man den Hahn dazu gesellen, denn die meisten Arten ertragen die Jungen. Manchmal beteiligen sich sogar Hähne mit an der Aufzucht.

Brütet die Fasanenhenne nicht, so kann man die Eier von ruhigen, völlig zahmen *Zwerghuhnglucken,* die nicht scharren, ausbrüten lassen. Die Ammen müssen völlig gesund sein, da alle Hühnerkrankheiten leicht übertragen werden.

Auch hier kann man kleine Holzkistchen als Nistunterlage nehmen, die mit Spänen, Torfmull und Heu ausgepolstert werden. Täglich ist das Brüten der Amme zu überwachen.

Bei der *Kunstbrut* gibt es heute Kleinstcomputer, die Wärme, Kühlung, Befeuchten oder Wenden regeln. Grundeinstellungen sind hierbei zwischen 37,2 und 37,8 °C Wärme, dann 45 bis 55 % Luftfeuchte. Gegen den Schlupf hin ist die Luftfeuchtigkeit auf 70 bis 75 % zu erhöhen.

Oft nehmen Jungfasanen die Ammenmutter nicht an. Man bringt daher die kleine Familie in einem Kasten von etwa 70×85 cm Nestraum und mit Gittern abgetrenntem Auslauf von etwa 2×2 m mit einem abnehmbaren Dach unter. Die Aufzuchtkastenhöhe kann einen guten halben Meter betragen. Die Küken können durch das Gitter schlüpfen und sich frei bewegen. Die Einrichtung kann man tagsüber auch auf den Grasboden setzen. Nachts müssen die Küken im Nestraum bleiben. Jungfasanen bis zu einem Alter von drei Wochen werden nach der Kunstbrut in Kükenringen untergebracht. Oft wird Bodenheizung angewandt. Häufig auszuwechselnde Kükenwindeln aus aufsaugfähigem Papiermaterial, Futter- und Trinkgefäße sind wie bei der Hühnerkükenaufzucht einzurichten.

Die Beleuchtung erfolgt 14 Stunden täglich. Als *Futter* kommt Starterfutter für Küken oder Putenstarterfutter infrage, was durch etwas Ei und Brennnesseln unterstützt wird. Bis zur 7. Woche bekommen die Kleinen dann 80 Prozentanteile Kükenfutter oder 50 % Putenstarter mit 30 Prozentanteilen Putenaufzuchtfutter und 20 % Getreideschrot, dazu Eiweiß- und Grünfutter.

Die Küken können in Aufzuchtgehegen und stundenweise in Volieren mit sandigem Boden gelassen werden. Diese Unterkunft bleibt so bis zur 9. Woche, wo sie dann 80 % Kükenaufzuchtfutter erhalten; 30 % Putenaufzuchtfutter und 50 % Putenmastfutter können das Kükenaufzuchtfutter ersetzen. Die Anteilmenge der Getreideschrote bleibt gleich. Hinzu kommen Grünfutter und Buttermilch. Ab der 16. Woche werden die Vögel auf das übliche Fasanenfutter umgestellt.

Es gibt heute auch *Futtermischungen* von Fertigfuttersorten für alle möglichen Ziergeflügelarten. Aber je nach Fasanenart müssen Eiweißanteile, Beeren, Obst oder Insekten zugefüttert werden. Futtergefäße stellt man an verschiedenen Stellen auf, damit alle Fasanen ausreichend fressen können. *Körnermischungen* für Altvögel bestehen aus wenig Gerste, Weizen, Glanz und Hirse. Als Keimfutter ist Hafer während der Legezeit günstig. Mais, Sonnenblumenkerne oder Hanf dürfen nur sparsam gereicht werden. Als Weichfutter können Presskornmischungen mit einem Rohproteingehalt zwischen 18 und 25 % gegeben werden. In der Zuchtzeit kann die Mischung mit etwa 5 % Hundewelpenfutter versehen werden.

Mineralstoffgaben, Vitamine, Quark, Eier und Buttermilch sind wichtig. Grünzeug und Obst kann immer gereicht werden. Da Fasanenküken anfangs viele Insekten verzehren wollen, kann man das *Kükenaufzuchtfutter* mit etwa 10 % an tierischem Eiweiß anreichern. Neuerdings trägt dem das von Futtermittelfirmen hergestellte Ziergeflügelstarterfutter oder auch das Putenstarterfutter bereits Rechnung. Die Anreicherung mit Kokzidiostatika und anderen Medikamentenzusätzen wird nicht von allen Arten vertragen. Es gibt daher auch Zier- und Wildgeflügelstarterfutter ohne solche Zusätze, sodass mit dem Tierarzt besprochen werden sollte, welche vorbeugenden Medikamentierungen im Bedarfsfall angewandt werden können. Die Futtersorten rührt man etwas feucht an und vermengt sie auch mit Grünzeug. Neben einer guten Fütterungshygiene in sauberen Gefäßen ist vor allen Dingen auf ein einwandfreies Futter zu achten.

Hokkohühner

Hokkos (Cracidae) kommen in über 40 Arten vor. Die Vögel erreichen unterschiedliche Größen, etwa von Perlhuhn- bis zur Putengröße. Braune, graue und schwarze Farben sind vorherrschend. Die Vögel wohnen auf Bäumen und führen von dort aus Gleitflüge mit Flatterphasen durch.

Als die Europäer in die warmen Gebiete Mittel- und Südamerikas kamen, fanden sie vielfach bei der indianischen Bevölkerung völlig zahme Hokkos vor. Auch heute kann man das in den genannten Landstrichen noch oft bei Einheimischen sehen. Leider erfüllten sich die Hoffnungen nicht, die Vögel weiterhin zu Haustieren zu machen; denn einmal vermehren sich die Hokkohühner nur wenig, dann entwickeln sich die jungen Vögel nur sehr langsam. Außerdem sind die Tiere kälteempfindlich und nicht in größeren Verbänden zu halten. Deswegen ist die Haltung dieser Hühnervögel bis heute mehr oder weniger nur wenigen Spezialisten vorbehalten und vor allen Dingen zoologischen Gärten mit der entsprechenden Ausstattung. Hier gibt es dann Schattenbäume in den Anlagen und sonstige spezielle Einrichtungen, die den Vögeln, die binnen kurzem sehr zutraulich werden, aber im männlichen Geschlecht beim Betreten ihres Reviers aggressiv werden können, Aufenthalt und Brut erlauben.

Kammhühner

In der Unterfamilie der Phasianae wird die Gattung der Kammhühner (Gallus) aufgezählt. Nach allgemeiner Auffassung ist die Stammform des Haushuhns das wilde Bankivahuhn (Gallus gallus), ein Kammhuhn, das in Vorder- und Hinterindien sowie auf großen süd- und südostasiatischen Inseln

Ein südlicher Helmhokko

vorkommt. Auf Java werden allerdings auch Gabelschwanzhähne (Gallus varius) in Haushennen eingekreuzt.

Schon Aristoteles wusste: „Die Eier werden von den Vögeln ausgebrütet; in Ägypten gräbt man sie unter Mist, durch dessen Wärme sie auskriechen. Auch in erwärmten Gefäßen hat man schon Eier ausgebrütet.“ Bei den Griechen kannte man bereits den Hahnenkampf, während die alten Römer Hühner zu Prophezeiungen benutzten und ans Hühnerorakel glaubten.

Ein wilder Zwerghuhntyp als Ahn der Hauszwerghühner ist nicht bekannt. Allerdings beschrieb vor etlicher Zeit ein Jäger, der – vermutlich in China – in Meeresnähe und bei einem nahe gelegenen Kloster auf der Jagd war, dass er dort im Klippengelände mit völlig unübersichtlichem Buschwerk unglaublich wilde und scheue, wildfarbige „Seidenhühner“ vorfand, bei denen der beständige Nieselregen wie bei einem Fell abperlte. Die Tiere hatten einen schwarzen Stehkamm, waren mehr dunkelbraun gefärbt und besaßen eine 5. Zehe, die nach unten wies, mit welcher sie sich im steilen Klippengelände an der See gut halten konnten. Zwei Bälge wurden nach Deutschland gebracht. Es handelte sich bei den Tieren um „wilde Zwerghühner“.

Der allgemeine Nutzen der Domestikation lag vor allem in der Gewinnung von Fleisch, Eiern und dem frühmorgendlichen Weckruf der Hähne. Auch nutzte man deren Aggressivität zu Hahnenwettkämpfen aus. Die Haustierwerdung scheint im südostasiatischen Raum stattgefunden zu haben, von wo aus Haushühner dann bereits vor gut 4000 Jahren nach Vorderindien gelangt sein müssen.

Wilde Kammhühner

Das wilde *Bankivahuhn* (Gallus gallus) kommt in verschiedenen Unterarten in Hinter- und Vorderindien, auf Sumatra und in China vor. Die Vögel leben sowohl in Ebenen als auch in Gebirgen. Sie wechseln jahreszeitlich die Gegenden. Die Hühner finden sich auch in ehemals landwirtschaftlich genutzten Flächen ein, um ihre Nahrung zu suchen. Die Hähne haben gewöhnlich einen Harem mit Hennen. Die Tiere fressen allerhand Samen, Knollen, Früchte, Beeren und Insekten. Der Kalkbedarf wird mit Schneckenhäuschen gedeckt. Man unterscheidet vom Bankivahuhn fünf Formen. Die Hühner bewohnen Gegenden mit Buschwerk und Wälder.

Urhuhn: Bankivahuhn (Gallus gallus), Hahn

Die Hähne des *Cochinchina-Bankivahuhnes* (G. g. gallus) besitzen große gezackte Kämme und große weiße Ohrlappen. Kamm, Kehllappen und das nackte Gesicht sind scharlachrot. Feurig rot sind die Federn am oberen Haupt, auch die spitzen Halsbehänge (die größeren Federn hier mehr golden getönt mit Orangestich). Der Oberrücken, die großen Flügeldecken und die inneren Armschwingen glänzen in Blaugrün. Die oberen Decken und ein Band auf dem mittleren Rücken sind dunkelrot. Der Unterrücken ist dunkler rot und geht in Richtung Bürzel in ein leuchtendes Orangerot über. Die Armschwingen sind rot, die Handschwingen sind schwärzlich braun. Schwanz und Schwanzdecken sind von dunkelgrünem Metallschimmer bei weißlicher Basis. Die Unterseite ist schwarz. Der Schnabel ist braun, zeigt aber eine gelbliche Spitze. Die Iris ist rot bis orange, die Läufe sind blaugrau bis braun. Hennen haben Gesicht und Kehle nackt und hellrot. Die Ohrlappen sind klein und blauweiß. Die Hennen zeigen einen kleinen Wulstkamm. Oberkopf und Nacken sind rötlich gefärbt, die langen Halsfedern dunkelbraun mit gelblicher Saumung. Die Oberseite ist braun mit schwarzen Wellen und weißen Federschäften. Die rotbraune Brust geht in der Bauchgegend ins Gelbbraun über. Bauchseiten, Schenkel und Flanken entsprechen der Rückenfarbe. Der Schnabel zeigt eine bräunliche Hornfarbe.

Das *Burma-Bankivahuhn* (G. g. spadiceus) zeigt einen kürzeren Halskragen und kleinere, meist rote Ohrscheiben. Bei den

Hennen sind die Halsfedern dunkler und kürzer.

Beim *Tongking-Bankivahuhn* (G. g. jabouillei) handelt es sich um eine sehr dunkle Form. Bei den Hähnen sind die roten Gefiederteile dunkler, die Hals- und Bürzelfedern sind kürzer und laufen nicht so spitz zu. Im Halsgefieder ist kaum eine Orangenuance zu finden, die seitlichen Nackenfedern sind dunkelrot. Der Rücken ist von einem dunklen Rot. Kamm und Kehllappen sind klein ausgeprägt. Die Hennen sind erheblich dunkler gefärbt, die Nackenfedern sind bei ihnen tiefer im Gelbton.

Das *Indische Bankivahuhn* (G. g. murghi) ist der burmesischen Unterart ähnlich, zeigt aber einen mehr gelblichen Halsbehang mit goldenen Langfedern, die einen breit angelegten Mittelstreifen aufweisen. Im Bürzel finden wir ein helleres Orangegelb. Die Ohrlappen sind klein und weiß, bisweilen auch rötlich. Der Schnabel ist am Ansatz rötlich, der Oberschnabel braun, der Unterschnabel hell. Die Iris ist rotbraun bis orangerot. Die Läufe sind graubräunlich. Bei Gallus gallus murghi sind die Hennen ein wenig heller. Der Schnabel ist am Ansatz gelblich bis hell, der Oberschnabel braun, der Unterschnabel von hellerer Hornfarbe. Hier ist die Iris braun.

Das *Java-Bankivahuhn* (G. g. bankiva) besitzt breitere und an den Enden rundliche Halskragenfedern. Außerdem hat es weiße Ohrlappen. In der Gefiederfärbung gleicht es dem burmesischen Typ. Auch Hennen besitzen breitere Halsfedern.

In Vorderindien lebt das *Sonnerathuhn* (Gallus sonneratii) und bewohnt unterschiedliche Waldtypen. Es geht bis in Höhen von 2400 m ins Gebirge. Die Tiere leben einzeln, paarweise und in Familienverbänden von wenigen Tieren. Die Hühner fressen gleichfalls Samen und Früchte.

Der Hahn des Sonnerathuhnes hat einen Kamm mit nur wenig Zackenausprägung. Kehle, Kehllappen und Kamm sind rot. Der Hals ist mit langen schwarzen Federn bedeckt, welche an den Spitzen jeweils ein gelbliches, weiter oben zwei oder drei weißliche Hornplättchen tragen. Die Befiederung der Unterseite ist mit lanzettförmigen Federn von schwarzer Farbe ausgestattet, die weiße Schäfte und hellgraue Säume zeigen. Die Flankengegend ist rostrot. Das Rückengefieder ist schwarz mit Purpurglanz. Auch hier sind die Federn weiß geschäftet und grau gesäumt. Die Behangfedern am Bürzel zeigen rötliche Spitzen und große gelbe und weiße Hornplättchen. Die Steuerfedern sind schwarz und zeigen Purpurglanz. Die Flügeldecken sind schwarz befiedert, wobei die Federn weiße Spitzen und lange rotgelbe Hornspitzen aufweisen. Der übrige Flügel ist schwarz befiedert. Die Iris der Hähne ist gelb bis orange, der Schnabel schwarz mit gelber Spitze und gelbem Unterschnabel. Die Läufe fallen gelb bis rötlich aus. Die Hennen haben einen braunen Oberkopf mit roten Schaftlinien und ein hellbraunes Gesichtsfeld. Die Halsbefiederung ist bräunlich und weist eine braune Säumung und schwarze Linien auf. Das Mantelgefieder zeigt eine hellbraune bis schwarze Sprenkelung, dazu weißliche bis schwarz gesäumte Schaftstreifung. Die

Sonnerathuhn (Gallus sonneratii), Hahn

äußeren Schwanzfedern und die Handschwingen sind von stumpfem Schwarz, die Kehle ist weißlich. Die Brust ist weißlich, jedoch sind die Federn schwarz bis braun gesäumt. Der Unterleib ist hellbraun. Augenfarbe, Läufe und Schnabel sind bei der Henne wie beim Hahn gefärbt.

Bei der lavendelfarbigen Mutation sind die braunen bis ockergelben Federpartien durch Schiefergrau und Schwefelgelb vertauscht. Der Halsbehang zeigt schwefelgelbe Federn auf blauschwarzem Grund. Flügeldecken und Oberschwanzdecken zeigen gelbliche Streifen. Rücken, Bürzelpartie und Brust zeigen eine graue Streifung. Die übrige Färbung entspricht der Hauptart.

Das *Lafayettehuhn* (Gallus lafayettii) lebt auf Ceylon (Sri Lanka) in den Wäldern und ist in allen Höhenstufen zu finden. Die Nahrung entspricht jener der anderen Kammhuhnarten, wobei die Hennen besonders eifrig scharren.

Beim Lafayettehuhn zeigt der Hahn einen großen purpurroten Kamm mit schwacher Zackung. Inmitten des Kamms befindet sich ein großer gelber Fleck. Das nackte Gesicht, die Kehle und die Kinnlappen sind rot, wobei die nackte Kehle von lilablauen Federn eingeschlossen ist. Die Scheitelfedern sind orangerot. Nach hinten gehen dann die schmalen gelborangefarbigen Halsbehangfedern, die einen schwarzen Mittelstreifen aufweisen, denen glühend orangerote Vorderrückenfedern folgen, die nun einen braunen Mittelstreifen aufweisen. Das Gefieder am Bürzel und am unteren Rücken ist tiefer rot mit lilablauer Federmitte. Die weniger spitzen Federn weisen einen lilablauen Endfleck auf. Die Oberschwanzdecken sind von glanzreichem Schwarz, wobei die mittleren Federn rot gesäumt sind. Die schwarzen Schwanzfedern zeigen Grün- und Blauglanz. Die kleinen Flügeldecken sind wie der Halsbehang gefärbt, die mittleren Decken gleichen dem Vorderrücken. Die großen Decken sind schwarz, Brust und Flanken sind rotorange. Bräunlich schwarz sind der mittlere Bauch und die Steißpartie, wobei die Federn wieder hellere Spitzen zeigen. Die schwarzen Schenkel sind mit braun gesäumten Federn bedeckt. Die Unterschwanzdecken sind blauschwarz mit Glanz. Der Schnabel ist bräunlich mit aufgehellter Spitze. Die Iris ist goldgelb, die Läufe sind gelb bis bräunlich und weisen spitze Sporne auf. Die Hennen dieser Art zeigen braune Scheitelfedern mit schwarzen Wellen. Der Hals ist dunkelbraun mit helleren Schäften. Dazu sind die Federn noch gelb gesäumt. Rücken, Mantel und Oberschwanzdecken sind rötlich hell mit schwarzen Wellen. Die Schwingen weisen eine schwarze, helle und rotbraune Querbänderung auf. Der Schwanz ist rotbraun und zeigt schwarze, angehauchte Querbänder. Die Kehle ist braun, die Brust und die Flanken sind schwarz und braun von Wellen überzogen. Die mittlere Brust jedoch ist mit Bauch und Schenkeln weiß, wobei die einzelne Feder schwarz gesäumt ist. Der Schnabel ist dunkelbraun, die Iris olivgelb. Die Läufe sind von einem bräunlichen Gelb.

Lafayettehuhn (Gallus lafayettii), Hahn

Das *Gabelschwanzhuhn* (Gallus varius) bewohnt Inseln wie Java, Madura, Bali,

Lombok, Flores und andere. Diese Hühner leben in den Ebenen und gehen in die Nähe von Kulturland. Bisweilen hausen die Tiere auch in niedrigeren Berggebieten. Die Nahrung entspricht jener der zuvor genannten Arten.

Beim Gabelschwanzhuhn zeigen die Hähne glatte Kämme, welche am Kopf blaugrün sind, sonst in Blau und Lila auslaufen und schließlich ins Rote übergehen. Die Art hat nur einen Kehllappen, der am roten Gesichtsfeld auch rot ist, dann einen hellgelben Fleck zeigt und in Blau und Rot überleitet. Die schuppenartigen Federn an Hals und vorderem Rücken sind schwarz mit einem dreifachen Saum von Blau, Grün und Schwarz. Die längeren Unterrückenfedern und jene am Bürzel sind schwarz und weisen bronzegrünen Glanz und gelbe Säumung auf. Der Schwanz besitzt 16 Federn und ist schwarz. Er schimmert blau bis grün. Die stark verlängerten, zerschlissenen schmalen Federn der Flügeldecken sind schwarz mit orangeroter Säumung. Der sonstige Flügel und die Unterseite sind schwarz. Der Schnabel ist hornfarben, die Iris ist gelb. Die Tiere besitzen weißliche bis rötliche Läufe. Die Hennen zeigen braune Köpfe mit gelblichen Schaftstrichen und ebensolchen Säumen, wodurch ein schuppiges Bild zustande kommt. Die Schwanzfedern sind schwarz mit gelbbraunen und schimmernden dunklen Flecken an den Rändern. Die Kehle ist weiß, die Brust von hellerem Braun mit schwarz gesäumten Federn. Der Bauch ist grau bis rotbraun, dazu schwarz gesprenkelt. Die Iris ist gelb, der Schnabel hellhornfarbig. Die Läufe sind grauweiß bis rötlich gelb.

Haltung und Zucht

Bankivahühner wurden verschiedentlich bei Liebhabern sowie in Zoos gehalten und auch nachgezüchtet. Dies gilt auch für Sonnerathühner, deren Hähne allerdings gegenüber anderem Geflügel sehr angriffslustig

Gabelschwanzhuhn (Gallus varius), Hahn

sind. Bei dieser Art wurde schon eine lavendelfarbige Mutation gezüchtet. Lafayettehühner wurden gleichfalls nachgezüchtet. Kreuzungen von Lafayette- und Bankivahuhn und zwischen Lafayette- und Sonnerathuhn kamen vor und sind vermutlich alle fruchtbar. Auch Gabelschwanzhühner wurden in Europa nachgezogen. Auf Java kreuzt man Wildhähne dieser Art in Haushuhnbestände ein, um bei Wettkrähen die als Bekissar bekannten Bastardhähne gegeneinander antreten zu lassen. Sie lassen einen besonders lauten, lang gezogenen Krähruf wie die Langkräher hören.

Wilde Kammhühner müssen entsprechend ihrer tropischen Heimat warm gehalten werden. Schon bei Temperaturen unter +15 °C fühlen sich manche Arten unwohl.

Für *Kammhühner* sind Licht, Trockenheit und Luft Voraussetzungen für ein Gedeihen. Heizungen für tropische Arten müssen umgittert sein.

Um die notwendige Feuchtigkeit für manche Arten zu gewährleisten, stellt man auf die Heizung Wassergefäße zum Verdampfen. Zugluft muss unbedingt vermieden werden. Für ein Paar oder einen Stamm rechnet man Stallmaße von 2 bis 3 m Tiefe, ebensolcher Breite und etwa 2,50 m Höhe oder darüber. Wilde Kammhühner werden in der Hauptsache in Zoos und bei einigen Liebhabern gepflegt.

Bei den *Haushuhnrassen* unterscheidet man Großrassen und Zwerghühner. Bei Letzteren kennt man sogenannte „Urzwerge" und verzwergte Rassen. Bei manchen Typen spricht man auch von „Halbzwergen". Besonderheiten sind Langkräherrassen, kaulschwänzige (schwanzlose) Rassen, kurzbeinige Rassen, fünfzehige Rassen, seidenfiedrige Rassen, solche mit „Ledergesichtern", Bommeln und schwarzer Haut, schwarzen Knochen und Eingeweiden, ausgesprochene Riesentypen, Langschwanzrassen, solche mit Strupp- oder Lockengefieder, besonders großkämmige Rassen und ebensolche mit merkwürdigen Kammformen, Hauben und Bärten und vergrößerten Ohrscheiben, mit Nackthalsigkeit, Bein- und Fußbefiederung. Einige Rassen legen „bunte" Eier, bei anderen ist der Kampftrieb hochgezüchtet worden.

Viele Haushuhnrassen kommen in einer Fülle von Farbenschlägen vor.

Pucheran-Haubenperlhuhn

Perlhühner

Perlhühner (Numidinae) haben ihren Namen nach der geperlten Zeichnung auf ihrem Gefieder bekommen.

Perlhühner sind mittelgroße Hühnervögel, die mit kräftigen Läufen ausgestattet sind und vermutlich nächste Verwandte der Pfauen sind, steht doch der Kongopfau (Afropavo congensis) in vielerlei Hinsicht zwischen diesen beiden Vogelformen.

Wildarten

Die merkwürdigen *Afrikanischen Waldperlhühner* (Agelastes) bewohnen die afrikanischen Regenwälder mit zwei Arten.

Haubenperlhühner (Guttera) mit einer dichten Stirn- und Scheitelhaube bewohnen in etlichen Arten die Wälder Afrikas, wo sie zurückgezogen und heimlich leben, aber in Gefangenschaft schnell zahm werden.

Helmperlhühner (Numida) hingegen sind die typischen Vögel der afrikanischen Savannen. Sie tragen einen mit Horn überzogenen Knochenfortsatz auf der Scheitelbasis. Dazu sind Kopf und Oberhals beinahe nackt. Es gibt eine ganze Anzahl von Unterarten, die verschiedene Teile Afrikas bewohnen, sodass man sie gewöhnlich in den westafrikanischen Formenkreis (Galeata), in die nordostafrikanische Unterartengruppe der Pinselperlhühner (Meleagris) und in die Gruppe der mittel- und südafrikanischen Langhelmperlhühner einteilt. Das Marokko-Helmperlhuhn (Numida meleagris sabyi) war als Haustier Karthagern, Griechen und Römern bekannt und kam vermutlich nicht vor dem 5. Jahrhundert v. Chr. nach Griechenland.

Domestiziert wurde in Afrika aber das *Guinea-Helmperlhuhn* (Numida meleagris galeata). Noch heute sammeln die Dorfbewohner Eier von dieser wilden Unterart und legen sie Haushuhnglucken unter. Die

Jungvögel werden dann selbstständig und bleiben halb wild in Dorfnähe, wo sie auf Bäumen nächtigen oder diese bei Gefahr aufsuchen. Man fängt sie von dort herunter und sammelt von diesen Vögeln wieder die Eier ein.

Auch setzte man vielfach Perlhühner auf Inseln und in fremden Weltgegenden aus. So wurden Zucht und Haltung der einstmals aus Marokko stammenden Perlhühner im Rom des Mittelalters wieder vergessen, genau wie jene nordostafrikanische Unterart Numida meleagris meleagris, welche die Römer in späteren Zeiten gleichfalls eingeführt hatten. Erst später brachten portugiesische Seefahrer Perlhühner aus Guinea nach Europa. Es könnte sogar sein, dass diese Perlhühner über die Karibik, wo auf den Antillen und anderen Inseln bereits Perlhühner ausgesetzt waren und verwilderten, herstammten.

Das Guinea-Perlhuhn besitzt keinen sehr hohen Helm, aber borstenartig stehende Federn am hinteren Haupt. Backengegend und Hals sind nackt mit weißer Haut, die Kehle ist grünlich, der Schnabel orangefarben. Die Kehllappen sind von grünlichem Weiß, in Lila und Rot auslaufend. Ein rötliches Band zieht sich über Hals und Kropf, über die obere Brust und den Mantel. Die Oberseite und die Flügeldecken sind schwarz und gelb-weißlich gewellt. Viele kleine weiße Punkte mit schwarzer Umrandung zieren diese Region, wobei sie auf den Flügeldecken vergrößert und von Wellenmustern durchzogen sind. Der Schwanz ist grau. Auch hier sind die kleinen Perlmuster zu sehen, ebenso auf dem Rücken. Hand- und Armschwingen sind schwarz, dazu über den Handschwingen mit weißen Querbinden versehen. Die Außenfahnen zeigen eine feine Wellung. Die Unterseite ist schwarz, zeigt aber eine größere Perlung. Die Geschlechter haben gleiche Färbung. Als Savannenbewohner sind die Helmperlhühner recht hart.

Geierperlhühner (Acryllium vulturinum) kommen nur in einer Art vor und bewohnen afrikanische Halbwüsten in kleinen bis größeren Gesellschaften. Sie gelten als die schönste Perlhuhnart, sind einigermaßen hart, wollen aber viel Wärme und Trockenheit. Nasskaltes Wetter wird nicht gut vertragen. Wichtig ist, dass diesen Perlhühnern Insektenfutter angeboten wird.

Auch bei den Geierperlhühnern sind Hähne und Hennen gleich gefärbt. Sie gelten als farbenprächtigste Perlhühner. Die Vögel sind grauschwarz mit feinen Perlen. Die Brust ist hellblau, die Bauchmitte schwarz. Die auffälligen Unterhalsfedern sind spitz und länglich ausgezogen. Die schwarzen Federn besitzen einen weißen Mittelstrich, der hellblau gesäumt ist. Über die Flügel laufen weiße Längslinien. Die äußeren Schwingen besitzen helllila Säume, die ins Rote gehen. Kopf und Vorderhals sind nackt und blaugrau. Der Hahn trägt einen kleinen Höcker an den Läufen, bisweilen zeigen die Hennen eine Andeutung davon. Die mittleren Federn des Schwanzes sind spitzig und verlängert.

Haltung und Zucht

Während *Waldperlhühner* nur noch selten gehalten werden und schwer als Wildfänge zur Nahrungsaufnahme zu bewegen sind, wurden *Haubenperlhühner* schon öfter gehalten und auch erfolgreich nachgezüchtet. Im Verhalten weichen die Küken erheblich von jenen der Helmperlhühner ab.

Bei den verschiedenen Arten der *Helmperlhühner* gelangen Zuchten bereits des Öfteren. Man hat nicht zuletzt die Methode der Afrikaner angewandt, indem Eier dieser Perlhühner eingesammelt und von Haushuhnglucken ausgebrütet wurden. Diese Perlhühner leben außerhalb der Brutzeit in starken Gruppen beisammen und fressen als Allesfresser mehr pflanzliche als tierische Nahrung, wobei auch Knollen, Zwiebeln, Wurzeln und Grün-

Helmperlhuhn

triebe gefressen werden. Hennen und Küken benötigen viel tierisches Eiweiß. Im Freileben scharren die Hennen im dichten Gras flache Mulden aus und bebrüten die dickschaligen Eier 22 bis 25 Tage lang, wobei der Hahn jeweils Wache hält. Übernachtet wird auf immer denselben Schlafbäumen, die die Scharen bei Sonnenuntergang aufsuchen.

Wildperlhühner sind empfindlicher als Hausperlhühner gegen Kälte. Sie müssen in beheizbaren Unterkünften gehalten werden. Auch Hausperlhühner wollen eine Temperatur von mindestens +15 °C haben.

Wildfänge bleiben schreckhaft und brüten erst nach Jahren der Eingewöhnung in gut bepflanzten Gehegen. Perlhuhnfarmen halten oft mehrere Zehntausend Tiere, wobei die Vermehrung zum Großteil über künstliche Besamung erfolgt.

Helmperlhühner lässt man zur Brutzeit bei einem Hahn mit ein oder zwei Hennen beisammen. Sicherer ist es, die Eier von Hühnerglucken oder künstlich ausbrüten zu lassen.

Geierperlhühner verlassen mit dem Sonnenaufgang am frühen Morgen ihre Schlafplätze auf den Bäumen und gehen zur Futtersuche, wobei der Boden nach Zwiebeln, Rhizomen und Insekten regelrecht „durchpflügt" wird. Die Hähne halten auch bei dieser Art bei ihrer brütenden Henne in der Nähe Wache. Danach zieht das Paar gemeinsam die Küken auf. Auch der Hahn hudert die Küken. Die Brutdauer bei Nachzuchten liegt bei 23 bis 24 Tagen, wobei die Küken wie Jungfasanen aufgezogen werden und bereits im Alter von wenigen Tagen fliegen können. Sie vertragen weder niedrige Temperaturen noch Nasskälte und sind anfällig gegen Geflügeltuberkulose. Man sollte daher auch das Erdreich in Volieren häufig auswechseln. Geierperlhühner benötigen trockene, beheizbare Ställe. Die Ausläufe sollten sonnig und warm sein, die Böden benötigen

Geierperlhuhn

eine gute Drainage. An Pflege ist derselbe Aufwand wie sonst bei Perlhühnern zu erbringen.

Wildarten sieht man mehr in zoologischen Gärten und bei Spezialisten. In der Ziergeflügelhaltung werden in der Hauptsache *Hausperlhühner* gehalten.

Hausperlhühner, Haltung und Zucht

Diese Perlhühner können ähnlich *wie Haushühner* gehalten werden, benötigen aber ihrer Natur nach mehr Auslauf. Außerdem sind sie wärmebedürftiger, sodass ihnen Grasauslauf in Sonnenlage besonders entgegenkommt sowie Futterkosten einspart, da dieser es ihnen erlaubt, wirkstoffreiches Grünfutter aller Art, Würmer, Insekten, Obst und Früchte aufzunehmen. Es kommen weniger Zankereien vor, und ein Staubbad an geeignetem Ort draußen wird gerne angenommen. In kleineren Volieren fühlen sich die Tiere nicht wohl. Wegen der Schreckhaftigkeit der Perlhühner müssen Gehege oben mit Netzen unterspannt werden. Zuchtpaare benötigen etwa 60 m² Volierenfläche. Hält man die Perlhühner hierin paarweise, sind fast alle Eier befruchtet.

Gegen Abend lockt man die Perlhühner in den Stall, gibt ihnen Körnerfutter und schließt die Ställe sofort. Dann übernachten die Vögel im sicheren Stall, fallen keinen Räubern zum Opfer und erkälten sich nicht. Zudem entfällt das morgendliche Geschrei beim Verlassen der Schlafbäume.

Die Sitzstangen werden erheblich höher als bei Hühnern angebracht, aber sämtliche Sitzstangen in einer Höhe, weil sonst erhöhte Stangen von allen Perlhühnern angeflogen werden und es zu Rangeleien kommt. Bei mehreren Stangen ist ein Abstand von etwa 40 cm geboten. Darunter steht der Kotauffangtisch, sodass leicht gesäubert werden kann.

Zuchthennen legen bis zu 170 Eier im Jahr. In Wirtschaftsbetrieben kann man bis zu 115 Küken im Jahr bekommen. Hennen im Freilauf legen bis zu 100 Eier jährlich. Wegen der unsicheren Befruchtung und Schlupfleistung sind aber dann nur 40 bis 60 Küken zu erwarten. Weil die Hähne nur zu bestimmten Jahreszeiten befruchten, wird in Wirtschaftsbetrieben künstlich besamt. Künftige Zuchttiere hält man auf Stroh ohne allen Schimmelbefall und nach Geschlechtern getrennt, wobei 6 bis 8 Tiere auf den Quadratmeter kommen. Ab der 5. Lebenswoche bekommen die Perlhühner Stangen. Auf den Meter Stangenlänge rechnet man 6 Vögel. Mit 16 Wochen sind die Perlhühner geschlechtsreif. Wirtschaftsbetriebe zögern dies bei Hennen mit Lichtprogrammen hinaus.

Liebhaberzüchter halten drei bis sechs Hennen mit einem Perlhuhnhahn zusammen. Als Zuchthennen kommen zweijährige Tiere infrage. Weil Perlhühner ihre Eier gerne draußen verstecken, legt man an schummrigen Stellen im Stall einige Nester an. Diese können noch mit Reisern verblendet werden. Überdies können die Nester ein wenig erhöht aufgestellt werden. Porzellaneier locken die Hennen aufs Nest. Zu Beginn der Legeperiode kann man die Hennen abtasten und solche Hennen, die legen werden, im Stall festsetzen, bis sie die Eier abgelegt haben. Dadurch wird erreicht, dass die Perlhennen weiterhin das Nest benutzen und nicht die Eier ins Freie legen.

Hat man den Verdacht, dass die Vögel draußen gelegt haben, so lässt man sie erst gegen Mittag ins Freie, wo sie gewöhnlich das versteckte Nest aufsuchen. Auch den Hahn treibt es als Aufpasser dorthin.

Gelegte Eier nimmt man heraus und ersetzt sie durch Kunsteier. Perlhuhneier wiegen zwischen 43 und 48 g und sind oft unterschiedlich gezeichnet. Die Schale ist auffallend dick. Die Bruteier dürfen nur 4 bis 5 Tage gelagert werden. Die Brutzeit beträgt 27 Tage. Die Hennen brüten in unserem Klima recht spät und unzuverlässig.

Bei *Kunstbrut* werden die Eier während der Vorbrut 23 Tage bei 37,7 °C und relativer Luftfeuchtigkeit von 55 bis 60% gehalten. Am 24. und 25. Tag bekommen sie im Schlupfbrüter nur noch 37,4 °C und 70% Luftfeuchtigkeit. Dann wird an den beiden letzten Tagen auf 36,4 °C abgesenkt, die Feuchtigkeit allerdings auf 98% erhöht. Wichtig ist die Ventilation im Schlupfbrüter: Hier wird zunächst bei halb geschlossenen Klappen in den ersten 6 Stunden normal belüftet, an den folgenden zwei Tagen die Ventilation alle zwei Minuten an- und ausgestellt. Die Luftklappen werden während der letzten drei Stunden bei ständiger Ventilation geöffnet. Heute steuern Kleinstcomputer an den Brütern alle Vorgänge.

In den ersten Wochen bekommen künstlich aufzuziehende Perlhuhnküken 36 bis 38 °C Wärme unter dem Strahler. Diese Temperatur kann pro Woche um 2 bis 3 °C gemindert werden. Die Luftfeuchtigkeit sollte bei 55 bis 60% liegen. Meist wird 16 Stunden beleuchtet. Die Beleuchtungseinrichtung wird zwei Meter über dem Boden angebracht. Futter- und Trinkgefäße werden wie bei Hühnern verwendet. Auch hier müssen alle Gefäße mit zunehmendem Kükenwachstum „mitwachsen". Da Perlhuhnküken Futtervergeuder sind, deckt man die Tröge mit Draht ab.

Anfangs wird meist *Pressfutter* gereicht, doch werden nicht alle Kokzidiostatika vertragen. Alleinfutter für Perlhuhnküken hat in den ersten vier Wochen einen Rohproteingehalt von 24,7 Prozent. Mastalleinfutter für Perlhühner von der 5. bis 8. Lebenswoche enthält 18,7 Prozent, Endmastalleinfutter von der 9. bis 14. Woche besitzt dann 15,2% Rohprotein. Zusätzlich werden Vitamine und Mineralstoffe beigegeben, die allerdings in *Fertigfuttern* für Perlhühner schon enthalten sind. Anfangs kann man ersatzweise auch auf Putenstarterfutter ausweichen, wobei manche Kokzidiostatika – wie erwähnt – nicht vertragen werden. In der Wirtschaftshaltung kann in der 4. bis 5. Woche auf Hähnchenmastfutter umgestellt werden. In der Liebhaberhaltung geht man davon aus, dass Perlhuhnküken einen hohen Anteil an tierischem Eiweiß benötigen. Hier kann man Fasanenaufzuchtfutter, Weißkäse, gehacktes Ei, Mehlwürmer und Ameisenpuppen reichen.

Es ist oftmals schwierig, den geschlüpften Perlhuhnküken das Fressen und Trinken beizubringen. Setzt man einige Hühnerküken hinzu, lernen die wendigen Perlhuhnküken das aber schnell. Kommen sie ohne führende Glucke ins Freie, sind die Ausläufe klein zu halten, damit sich die Küken nicht verlaufen. Wildgeflügelstarterfutter ohne Zusatz von Medikamenten ist von Vorteil.

Erwachsenen Perlhühnern kann man abends Körnermischfutter und Weichfutter wie gedämpfte Kartoffeln mit Kleie und Schrot reichen. Perlhühner sind „Weidetiere", die am liebsten in sehr großen Ausläufen hausen. Hier suchen sie sich eifrig ihr Zusatzfutter. Die Haltung bei beengtem Raum bringt meist nur Misserfolge. In der Wirtschaftszucht gilt Perlhuhnfleisch als Delikatesse. Hybriden gibt es mit Pfauen, Jagdfasanen und Kammhühnern.

Zuchtformen

In der Liebhaberhaltung kennt man bei den Perlhühnern: *1. Geperlte Farbenschläge* (Blau, Perlgrau, Lavendelblau, Chamois, Weiß) und *2. Farbenschläge mit reduzierter Perlung* (Violett, Azurblau, Lavendelblau, Chamois).

Farben werden beispielsweise analog den Bewertungsbestimmungen des

Bundes Deutscher Rassegeflügelzüchter e.V. (BDRG) wie folgt beschrieben:

Farbe und Zeichnung

Die Tiere entfalten sich in voller Freiheit bei genügend großem Auslauf zu voller Pracht. Sie sind dann eine wirkliche Augenweide.

Bewertung: Nach dem Gesamteindruck sind die Merkmale in nachstehender Reihenfolge von Bedeutung: Perlung und Farbe des Gefieders, Körperform, Fußfarbe, Form von Helm und Kehllappen.

Geperlte Farbenschläge

Blau (Wildfarbig)

Durch die dicht aufeinander liegenden Federn wirkt die Grundfarbe grauschwarz; die einzelne Feder ist mehr indigoblau. Alle Federn sind mit vielen weißen Perlen besetzt, deren Form und Größe je nach Körperteil verschieden sind (an der Körperunterseite bedeutend größer als auf der Oberseite). Schwarz eingefasst sind die weißen Perlen auf Rücken, Bürzel und Schwanz. Das Hals- und Kopfgefieder ist einfarbig schwarzviolett. In den Hand- und Armschwingen gehen die Perlen in Streifen über. Die Lauffarbe ist grauschwarz.

Grobe Fehler: Weiße Flecken auf Brust oder Bauch sowie weiße Schwingen und stark hellfleckige Läufe.

Chamois

Zeichnung wie bei Blauen, aber fahlgelbliche Grundfarbe. Der Saum der weißen Perlen auf der Körperoberseite ist satter gelb. Hähne geschlechtsgebunden von wesentlich blasserer Grundfarbe, doch müssen die weißen Perlen noch erkennbar bleiben. Die Lauffarbe ist orangefarbig bis hellgrau.

Gr. F.: Verwaschene, zu helle Grundfarbe bei Hennen, nicht mehr sichtbare Perlung bei Hähnen; weiße Flecken auf Brust oder Bauch sowie weiße Schwingen.

Zuchtperlhuhn: Chamois mit Perlung

Farbenschläge mit reduzierter Perlung

Violett (Dunkelwildfarbig)

Grundfarbe schwarzviolett wie das Halsgefieder der Blauen: an der Brust mehr violett getönt, auf der Körperoberseite mehr bläulich schimmernd. Jede Feder ist tiefschwarz gesäumt. Lediglich das Körperseitengefieder und die Schwingen sind grob und weniger dicht weiß geperlt bzw. gestreift. Einige Gefiederteile weisen aber ganz feine, kaum sichtbare helle Sprenkel auf. Lauffarbe grauschwarz mit dunkleren Schuppen; helle Zehenspitzen noch toleriert.

Gr. F.: Ausgeprägte Perlung oder Scheckung auf der Körperoberseite oder an der Brust, weiße Schwingen.

Lavendelblau

Ganz zart hellblaue Grundfarbe; den ganzen Körper überzieht eine Art bläulicher Schleier, am intensivsten die Schwingen. Zeichnung wie bei Violetten. Die Lauffarbe ist hellgrau bis blassorange.

Gr. F.: Zu dunkle Farbe, sichtbare Perlung oder Scheckung auf der Körperoberseite oder an der Brust, weiße Schwingen.

Die Gestaltmerkmale sind wie folgt festgelegt:

Form und Kennzeichnung
Hahn:
Gewicht: 1,6–2 kg; die verdünnten Farbenschläge sind meist etwas leichter.
Kopf: Kurz und breit. Auf dem Scheitel befindet sich ein horniges, helmartiges, bräunliches Gebilde in Dreieckform mit nach hinten gebogener Spitze. Grober Fehler: Schwach entwickelter Helm.
Schnabel: Kräftig und stark gebogen, orangerot mit grauem Anflug.
Gesicht: Bläulich weiß, verbunden mit den langen Ohrlappen.
Augen: Groß, dunkelbraun, stark glänzend.
Kehllappen: Weit voneinander abstehend, rundlich bis rautenförmig, rot, innen weiß.
Hals: Dünn, eingezogen getragen, nur in der Erregung aufrecht getragen, Oberhals schwach befiedert, mit bläulicher Halshaut, Unterhals mit feinen schmalen Federn besetzt; Hinterhals trägt aufrecht stehende borstenartige Federn.
Brust: Hoch getragen, ziemlich flach, bei der Henne ist sie vollfleischig, beim Hahn spitzer.
Rumpf: Mittellang und nach allen Seiten gut gerundet. Gr. F.: Schwache oder mangelhafte Form.
Rücken: Sehr breit sowie stark gewölbt, hinten abfallend.
Flügel: Lang, breit und fest anliegend getragen.
Schwanz: Hängend getragen, verhältnismäßig kurz, aus 16 Federn bestehend. Gr. F.: Schiefe Schwanzhaltung.
Schenkel: Wenig hervortretend.
Läufe: Kurz und unbefiedert.
Zehen: Die vier Zehen sind gut gespreizt.
Haut: Je nach Farbenschlag blauschwarz bis hellgrau.

Henne:
Gewicht: 1,8–2,5 kg; die verdünnten Farbenschläge sind in der Regel leichter.
Legeleistung im 1. Jahr: 80 bis 120 Eier.
Bruteier-Mindestgewicht: Blau, Perlgrau und Violett 45 g, andere 40 g.
Schalenfarbe der Eier: Gelblich bis bräunlich und leicht dunkler gespritzt.
Äußere Merkmale zur Geschlechtserkennung: Helm: Bei der Henne abgestumpft, beim Hahn nach hinten ausgezogen und breiter angesetzt. Gesichtshaut: Zieht sich beim Hahn an den Halsseiten tiefer herab als bei der Henne und ist mehr in eine Spitze ausgezogen als beim weiblichen Tier. Kehllappen: Beim Hahn stärker entwickelt und mit gefalteter oder gerollter Oberfläche, während diese bei der Henne flach ist. Haltung: Der Hahn steht aufrechter, die Henne hält sich mehr waagerecht. Gewicht: Hennen sind schwerer und vollbrüstiger als Hähne.
Ringgröße: Beide Geschlechter 16.

Für die Ausstellungszüchter von Perlhühnern war zwar die Schausaison im Jahre 2007 mit höheren Tierzahlen versehen, aber die Qualität bezüglich der standardmäßigen Anforderungen, wie sie vom BDRG gefordert wird, hat leider etwas nachgelassen.

Wachteln

Im alten Athen waren *Wachtelkämpfe* äußerst beliebt. Angeblich gab es sogar ein Gesetz, das die Jünglinge dazu anhielt, sich die Kämpfe anzusehen, um von diesen Vögeln, die auf Leben und Tod kämpften, Hartnäckigkeit und Tapferkeit im Kampf zu erlernen. Diese Tradition wurde weit später in Italien fortgesetzt, vor allem in Neapel. Dazu setzte man zwei Wachtelhähne auf je ein Ende eines langen, rechteckigen Tisches und streute in die Mitte ein Häufchen Hirse. Die Tiere, die mit Hirse gefüttert wurden, strebten nun zur Tischmitte, um an das Futter zu kommen. Dann aber gingen die Hähne wie Furien auf den vermeintlichen Konkurrenten und Gegner los, dass die Federn flogen und das Blut aus offenen Wunden floss, wie es in einem alten Bericht heißt.

Bei den Wachteln gibt es eine erhebliche Artenanzahl. Insofern seien auch hier nur einige Arten exemplarisch genannt:

Wildarten und ihre Haltung

Unsere heimische *Wachtel* (Coturnix coturnix) bewohnt weite Teile Eurasiens, Afrikas und die madagassische Region.

Es gibt viele Darstellungen aus dem alten Ägypten. Bei uns ist die Wachtel ein Zugvogel. Wegen des berühmten Wachtelschlags hielt man Hähne in Europa schon im Mittelalter. Die Vögel liefen frei in den Stuben herum oder saßen in prächtigen Wachtelhäuschen.

Während der Balzzeit besteht eine Paarbildung. Die 7 bis 14 gelbbraunen und braun gefleckten Eier werden 18 bis 20 Tage bebrütet. Die Henne zieht das Gesperre meist alleine auf. Mit 19 Tagen können die Jungwachteln fliegen. Bereits mit 4 bis 7 Wochen sind die Jungvögel selbstständig. Die Vögel leben auf Feldern und Wiesen und gehen auch hoch in die Gebirge hinauf. Die Henne führt die Jungvögel auf die Hackfrucht- und in die Gemüsefelder. Die Küken fressen die erste Zeit vor allem Insekten. Sonst fressen Wachteln kleine Samen, aber auch Getreide, vor allem Weizen, dann Rübsen, Raps, Hanf, Hirse und allerhand kleine Insekten, besonders Ameisen und deren Puppen. Wichtig sind Sandbäder.

Von diesen Wachteln gibt es verschiedene Unterarten.

Junge Wachteln der heimischen Art erhalten Kükenaufzuchtmehl, Ei und Ameisenpuppen. Nach acht Tagen bekommen sie Mohn, Spitzsamen, Hirse und klein gehacktes Grünfutter. Ausgewachsenen Wachteln reicht man Wellensittich- und Kanarienfutter mit etwas Waldvogelfutter, Grit und Futterkalk. Ab und an können Mehlwürmer vorgesetzt werden. Bei der Brut wird Legemehl gegeben.

Wachtelhähnchen der Nominatform zeigen einen schwarzbraunen Oberkopf mit einem gelblich weißen Mittelscheitelstreifen. Sodann zeigen sie ein gelbweißes Überaugenband, das hinunter bis in den Nacken geht. Auch zeigen die Vögel einen rotbraunen Zügelstreifen. Kehle, Kinn und die Kopfseiten sind meist weißlich gefärbt. Das weiße Kehlband wird von einem weißen Streifen aus der Bartgegend umzogen. Die Kehle kann auch rotbraun oder dunkelbraun gefärbt sein. Oberseits zeigen die Vögel ein Muster aus rötlich braunen, gelblichen und schwarzen Farben, die längs über den Körper verlaufen. Der Kropf und die vordere Brustseite sind von hellerem Rotbraun, wobei die Federn weiße Schäfte zeigen; ähnlich sind die Flanken gefärbt, zeigen aber dazu noch bräunliche Fleckung. Die Unterseite ist weiß. Die größeren Hennen sind an Kehle und Kinn weiß, zeigen aber keine Zeichnung. Die Kopfzeichnung ist von hellem Braun mit dunkleren Flecken. Hähne und Hennen besitzen dunkle Schnäbel und fleischfarbige Läufe.

Die ostasiatische *Japanwachtel* (Coturnix japonica) wurde seit Jahrhunderten als Singvogel gehalten. Vor rund 100 Jahren begann dann die Selektion auf eine gute Legeleistung. Aber schon Ende des 18. Jahrhunderts war das Fleisch dieser Wachtel als Leckerbissen bekannt. Später begann man in Europa und Nordamerika die Japanwachtel auch als Labortier zu nutzen wegen ihrer raschen Reproduktion und ihrer schnellen Reaktion auf Laborversuche.

Die Japanwachtel ist die am häufigsten gezüchtete Wachtel.

Die Japanische Wachtel bewohnt weite Teile Asiens bis hin nach China, Korea und Japan. Die Vögel leben auf Wiesen und in Grasländern.

Japanwachteln werden heute weltweit wirtschaftlich genutzt und auch als künftige Jagdvögel in Farmen aufgezogen. Wachteleier erfreuen sich wachsender Beliebtheit und bei Gourmets finden Wachtelrezepte großen Anklang.

Jede Wachtelhenne legt charakteristisch gezeichnete, 12 bis 15 g schwere Eier. Gegen enge Blutführung sind diese Wachteln empfindlich. Die Geschlechter unterscheiden sich wenig im Aussehen, aber im Gewicht. Den Bruttrieb haben die Hennen weitgehend verloren. Mit 8 bis 10 Wochen wiegen Hähne 115 g, Hennen 145 g. Die Hennen legen mit sechs Wochen. Gelegt werden an die 200 Eier, einige Hennen kommen auf 300 Eier. Die Eier werden nachmittags gelegt. Die Mast dauert 5 Wochen. Für eine gute Sperma-Entwicklung benötigen junge Hähne eine 16-stündige Beleuchtung am Tag. Männliche Tiere besitzen eine Kloakendrüse.

Bei Legewachteln sollte die Raumtemperatur um die 20 °C betragen und der Stall 16 bis 18 Stunden beleuchtet werden. Beste Befruchtungen werden bei paarweiser Haltung erreicht, doch werden einem Hahn meist drei Hennen beigegeben. Verpaart wird ab einem Alter von 6 Wochen. Die *Brutdauer* beträgt 17 Tage. In den ersten 14 Tagen liegt die Temperatur im Brüter bei 37,5 bis 37,8 °C, die Luftfeuchtigkeit bei 60 Prozent. Die Schlupfbrut dauert im Schnitt drei Tage, wobei die Temperatur maximal um 0,5 °C gesenkt wird. Günstig sind 37,3 bis 37,5 °C. Die Luftfeuchtigkeit wird auf 80 bis 95 % erhöht. Gewendet wird im Vorbrüter alle 1 bis 3 Stunden. Befruchtete Eier sollten längstens nach 8 Tagen in die Brutmaschine gelegt werden, höchstens jedoch nach 14 Tagen. Man kann am 15. Tag umlegen. Weiße Eier kann man schon am 2. oder 3. Tag schieren, pigmentierte Eier erst ab dem 8. Bruttag. Das Befruchtungs- und Schlupfergebnis hängt stark vom Alter der Zuchttiere ab. Gemästet wird im Allgemeinen ohne Geschlechtertrennung. Die Aufzucht erfolgt in Käfigen oder in Bodenabteilen. Minicomputer regeln heute Brüter und Aufzuchttemperatur.

Wachtelküken sind sehr wärmebedürftig und empfindlich gegenüber Kälte. In der 1. Woche bekommen die Tiere 36 bis 38 °C.

Wachtelhenne mit Küken

Die Temperatur senkt man täglich um etwa 1 °C, bis die Raumtemperatur von 24 °C erreicht wird und man im Alter von drei Wochen die Tiere in Kaltkäfigen halten kann. Der Raumbedarf der Wachtelküken liegt anfangs bei 30 cm² und steigert sich auf 80 cm² in der 6. Woche. In der Liebhaberhaltung kann man den Tieren natürlich erheblich mehr Raum zugestehen. Die Tränken sind so zu gestalten und zu stellen, dass die Tiere keinen Schaden nehmen und der Boden darunter nicht vernässt wird.

Die Vögel sind unruhig und haben einen raschen Stoffwechsel. Man kann Kükenfutter mit etwa 24% Rohprotein verwenden. Bei Legehaltung kommt ein eiweißreiches Ergänzungsfutter mit etwa 20% Rohprotein infrage. Das kann ein Alleinfutter als Legehennenergänzungsfutter mit 2 mm starker Körnung sein. In den ersten zwei Wochen kann man auch Putenstarterfutter, danach Putenmastalleinfutter reichen. Auch Mehlfutter kann gegeben werden.

Man kann Japanwachteln wie heimische Wachteln füttern. Ebenso kann die Haltungsweise ähnlich sein. Es gibt heute etliche Farbenschläge.

Die Japanwachtel unterscheidet sich farblich kaum von den eurasiatischen Wachteln. Im Sommerkleid ist die Unterscheidung besonders schwierig. Die Hähne der Japanischen Wachtel zeigen dann eine rotbraune oder ausgesprochen rötliche Wangen- und Kehlfärbung ohne die schwarzeRänderung. Im Winterhalbjahr zeigen Hähne und Hennen der Japanwachtel schmale, weiße Kehlfedern.

Zwergwachteln (Excalfactoria) kommen in Südostasien, in Vorderindien und Afrika vor. Es gibt von dieser Art etliche Unterarten. Die Chinesische Zwergwachtel (Excalfactoria chinensis) gilt als Haustier und kommt in etlichen Farben vor, so in Weiß, Silber, Isabell, Geperlt, Rehbraun, Schwarz ohne Maske oder Gescheckt. Die Chinesen pflegen diese Wachtel seit langem als Hausvogel und steckten sie früher zum Händewärmen im Winter in die Rocktaschen. Es handelt sich bei diesen Wachteln um winzige Hühnervögelchen.

Wachtelküken aus einer Produktionszucht

Die Art ist ein beliebter Käfig- und Volierenvogel und nicht so empfindlich gegen Kälte. Sie sollte aber nicht Kältegraden unter null °C ausgesetzt werden. Das Hahnengeschrei kann bei Zimmerhaltung lästig werden. Niedliches Verhalten, leichte Zucht und Zutraulichkeit zum Pfleger haben diesen Wachteln viele Freunde beschert.

Zwergwachteln sind monogam. Die Vögel bewohnen feuchte Grasländereien. Das Nest liegt unter überhängenden Halmen

Zwergwachteln wurden früher auch als Handwärmer in der Tasche mitgeführt.

gut versteckt und umfasst 4 bis 6 Eier. Die Henne bebrütet diese 16 oder 17 Tage lang. Der Hahn wacht am Nest. Die Jungvögel fressen zunächst kleinste Insekten, die die Eltern aufnehmen und vor den Küken fallen lassen. Später fressen sie dann kleine Samen.

Zwergwachteln sind einfach zu halten und leicht zu züchten.

Als kleinste Hühnervögel lassen sich diese Wachteln als Bodenbewohner in Vogelvolieren halten. Die Zucht gelingt auch im geräumigen Käfig mit Leinwanddecke. Ein führendes Wachtelpaar mit den hummelgroßen Küken ist ein köstlicher Anblick. Wichtig sind flache Trinkschalen, die mit Steinen ausgelegt sind, damit die winzigen Küken nicht ertrinken. Der Gehegedraht muss entsprechend eng sein. Kleine Brutapparate für die Kunstbrut gibt es im Fachhandel. Die Zwergwachteln sind trocken und frostfrei im Schutzhäuschen zu überwintern.

Küken werden in sehr kleinen Gefäßen gefüttert, um ein Verschmieren und Verkleben zu vermeiden.

Sand darf nicht eingestreut werden, weil die Küken diesen fressen könnten.

In Wasser aufgequollene Ameisenpuppen, Eifutter für Kanarien, Mohn und nach 14 Tagen geschälte Hirse und viel Grünfutter lässt die Wachteln gut gedeihen. Hirse- und Mohnanteile werden dann langsam erhöht. Nach etwa 5 Wochen kommt man ohne Eifutter aus. Alttiere bekommen Hirse, Mohn, Kanariensaat und ab und an Mehlwurmlarven und etwas Grünzeug. Jungtiere erhalten Kalkbeigaben, legende Hennen eiweißreiches Weichfutter.

Bei den Zwergwachteln zeigen die Hähne der Nominatform einen rotbraunen Scheitel und Nacken mit schwarzen Bändern und einen helleren Streifen am Scheitel. Rostbraun sind Rücken und Oberschwanzdecken. Hier sind die Federn von gräulicher Säumung, besitzen helle Schäfte und schwarze Bänderung. Der Schwanz ist kastanienbraun. Weiterhin besitzen die Tiere Zügelzeichnung und ein Überaugenband. Hals und seitlicher Kopf sind grau. Ein weißlicher Unterzügelstreifen zieht sich vom Schnabelansatz bis über die Augen. Darunter liegt ein schwarzes Band, das unter den Wangen sich in U-Form umlegt und dann einen schwarzen Kehl- und Kinnfleck bildet, sodass die weiß ausfallende Bartgegend umschlossen wird, während ein weißes Halsband darunter verläuft. Die Flanken und die obere Brustgegend sind grau. Der Bauch sowie die Unterschwanzdecken sind braun. Hennen besitzen eine weiße Kehle und eine rostig braune Zone im vorderen Hals und über den Augen. Die Oberseite zeigt die übliche Färbung der Wachteln, während die Unterseite hell ausfällt und eine schwarze Bänderung aufweist. Beide Geschlechter besitzen schwarze Schnäbel und orangegelbe Läufe. Die Iris ist rot.

Von Nord- bis Mittelamerika kommt die *Virginiawachtel* (Colinus virginianus) in vielen Unterarten vor. Es ist dies eine Neuwelt- oder Zahnwachtel. Diese Wachtelart baumt niemals auf; schon Jungtiere nehmen eine angeborene Igelstellung ein, um etwaige Feinde ausmachen zu können. Heute gibt es etliche Mutationen, so etwa weiße, kastanienfarbige oder isabellfarbige Wachteln. Es gibt auch große, sehr wetterharte Zuchttypen. In der Brutzeit sind die Wachteln gegenüber anderen Hühnervögeln sehr angriffslustig.

Virginiawachteln bewohnen Kulturländer, Wiesen mit reichlich Buschwerk und lichte Kiefernwälder. Wichtig sind Wasserläufe im Gelände. Die Wachteln fressen Beeren, Sämereien und zarte Pflanzenteile. Sommers werden bis zu 30 Prozentanteile an Insekten aufgenommen, den Winter über nur um die 5 Prozent.

Virginiawachteln benötigen ein Gehege von wenigstens 125 × 125 cm Grundfläche mit anschließendem kleinem Schutzraum. Die Hähne werden während der Brutzeit unleidlich gegenüber anderen Hühnervögeln. Etwas Grünfutter, Hirse und Kükenpellets dienen als Futter. Im Gehege benötigen die Vögel Versteckmöglichkeiten und Sichtschutz. Hat das Gelege 12 und mehr Eier erreicht, nimmt man den Hahn heraus und entfernt ihn so weit, dass keine Lautfühlung mehr möglich ist. Lässt man den Hahn bei der Henne, so legt diese erheblich mehr Eier.

Küken aus dem Brutapparat erhalten zunächst mit Eigelb vermischte Kükenkleie. Diesem Futter wird zerkleinertes Grün hinzugefügt. Auch Kükenstarterfutter mit Quark, zerkleinerten Mehlwürmern und Mohn kann gereicht werden. Nach etwa 10 Tagen kann man Mohn, Hirse und Grünfutter geben. Die Jungvögel sind mit zwei Monaten erwachsen. Junghähne müssen im Frühling weggenommen werden. Erwachsene Wachteln verzehren Samen, Beeren und Grünzeug, aber auch Insekten.

Die Geschlechter der vielen Rassen der Virginiawachtel unterscheiden sich nur wenig, die Rassen selbst in Ausdehnung der schwarzen und weißen Gefiederfarbe. Bei der Nominatform sind die Geschlechter aber deutlich unterschiedlich gefärbt, wobei die Hähne einen rotbraunen Kopf mit schwarzer Federsäumung besitzen und der Nacken gleichermaßen gefärbt ist. Eine weiße Überaugenbinde führt bis in den Nacken. Unter dieser liegt ein weißes Band, das auch die Kehle einfasst. Ein seitlicher Fleck am Hals ist schwarz und weiß gepunktet. Der Rücken und die Flügel sind rotbraun mit einer schwarzen und gelblich braunen Bänderung und ebensolchen Tupfen. Die Schultern und oberen Flügeldecken weisen schwarze Punkte auf. Der Kropf und die Brust sind rötlich braun. Hinzu kommen hier weiße Flecken, die schwarz gesäumt sind. Die Seiten sind wie die Flanken rostbraun. Sie zeigen weiße, mit Schwarz eingesäumte Bänder. Der Bauch ist mittig aufgehellt. Der Schnabel ist schwarz, die Läufe sind fleischfarbig. Bei den Hennen ist die Überaugenbinde bräunlich gelb, ebenso Kehlregion und Stirn. Die Backen sind bräunlich. Das Gefieder wirkt insgesamt matter.

Die Neuwelt- oder Zahnwachteln werden nur paarweise gehalten; infolge langer Domestikation kann man einem Hahn in der Liebhaberzucht auch zwei Hennen beigeben.

Häufig bei Ziergeflügelfreunden anzutreffen ist die *Kalifornische Schopfwachtel* (Callipepla californica). Diese Wachtel bewohnt das nördliche Amerika von Niederkalifornien bis in den US-Staat Oregon mit einigen Unterarten. Sie wurde auch in anderen Weltgegenden ausgesetzt. Die Tiere halten stets eine gewisse Fluchtdistanz ein und sind zur Brutzeit im männlichen Ge-

Baumwachtel

Kalifornische Schopfwachtel mit typischem Kopfschmuck

Wachtelgelege

schlecht streitsüchtig, gegenüber anderen Wachtelarten oder Erdtauben auch unverträglich.

Die Wachteln bewohnen die Wüstensteppen und lichten Hartlaubwälder, sind aber auch in Parks und Gärten der Städte zu finden. Diese Wachteln verzehren zu 95 % Pflanzenteile, besonders gerne Leguminosen. 5 Prozentanteile der Nahrung bestehen aus Insekten. Im Winter scharen sich die Wachteln zu größeren Gesellschaften zusammen.

Kalifornische Schopfwachteln ertragen zwar geringe Fröste, doch ist ein trockener, zugfreier Schutzraum wichtig. Ist es im Winter lau und sonnig, dürfen die Vögel zeitweilig ins Freie, müssen aber im Schutzraum übernachten. Von April bis September können sie ins Gehege. Für die Schopfwachteln gelten ebenfalls Volierenmaße von 125×125 cm, wobei trockene Böden wichtig sind, desgleichen Äste zum Ruhen. Die erwachsenen Schopfwachteln fressen Hirse und Kükenpressfutter in krümeliger Form und einem Proteingehalt von 20 Prozent. Allerlei kleine Sämereien, Grünzeug und von Zeit zu Zeit etwa einige Mehlwürmer vervollständigen die Nahrung.

Wenn die Henne die Jungen erbrütet hat, führen beide Eltern die Kleinen. Die Familie bleibt bis zum Frühling beisammen.

Falls die Wachteln warm gehalten und mit Legemehl gefüttert werden, legen die Hennen viele Eier. Da sie dünnschalig sind, werden sie nicht selten auch von kleinen und leichten Hühnerammen zertreten. Auch die winzigen Jungen können totgetreten werden.

Eier kann man bis zu 12 Tagen kühl aufbewahren und dann in den Brutapparat geben. Die Anforderungen können im Computer einprogrammiert werden. Bei der Aufbewahrung sind die Eier etwa zweimal täglich zu drehen. Der Brüter sollte zunächst 38,5 °C bringen, die Luftfeuchte muss bei 50 bis 60 % liegen. Morgens und abends werden die Eier etwas gedreht und 10 Minuten lang belüftet. Ab dem 15. Tag wird die Temperatur auf 39 °C erhöht, die Luftfeuchtigkeit ab dem 20. Tag auf 60 bis 70 % angehoben. Sie wird am 22. oder 23. Tag auf 80 % gebracht, was den Schlupf erleichtert. Ab dem 22. Tag sind die Eier angepickt.

In den ersten 10 Tagen bekommen die zarten Küken 35 °C mit dem Dunkelstrahler. Bei zu niedriger Temperatur piepsen die Küken jämmerlich. Wenn die Tierchen etwas größer sind, muss auch die Aufzuchtkiste größer werden. Ab einem Alter von 2 bis 3 Wochen können die Kleinen bei gutem, warmem Wetter zeitweilig ins Freie, nur müssen sie sich jederzeit wieder unter dem Strahler aufwärmen können. Für die Nacht ist ein 150-Watt-Strahler angebracht, der die benötigte, immer größere Fläche aufheizt. Wenn die Küken diese Wärme nicht mehr wollen, gehen sie auf höhere Sitzstangen. Früher gab man den Kleinen Ameisenpuppen, die es kaum noch gibt. Kükenerstlingsmehle werden angefeuchtet gereicht. Diese sollten nicht mehr als 20 % Protein haben. Ab dem 10. Lebenstag kann man zusätzlich Mohn, gehacktes Grünfutter und klein gehacktes Ei reichen. Mit der 3. Woche fressen die Jungwachteln Hirse und andere kleine Samen, dazu auch kleine Mehlwürmer. Mit drei Monaten sind die Tiere ausgewachsen.

Bei der Kalifornischen Schopfwachtel haben wir eine unterschiedliche Geschlechterfärbung. Die Hähne der Nominatform tragen zunächst den nach vorne gebogenen, aus vier schwarzen Federn bestehenden Schopf. Die weißlich gelbe Stirn zeigt Striche. Zwischen der Stirn und dem oberen Haupt liegt ein weißes Band, das sich zu den Ohrdecken hinunterzieht. Der obere Kopf ist vorne und seitlich schwarz. Die Färbung geht nach hinten in ein Braun über. Kehle, Kinn und Wangen sind schwarz, umzogen von einem weißen Band. Der hintere Hals, die Seiten am Hals und der Oberrücken sind gräulich, zeigen weiße Flecken mit schwarzen Säumen, sodass eine Art perliger Kragen entsteht. Sonst sind die Hähne oberseits braunoliv und gräulich. Kropf und obere Brust sind grau. Die Brustmitte und die Bauchseiten sind gelblich. Der Bauch ist in der Mitte rötlich braun. Die Federn sind schwarz gesäumt, sodass ein schuppiges Muster entsteht. Die grauen Flanken überziehen weiße Schaftstriche. Schnabel und Läufe sind schwarz. Die Hennen haben einen mehr schwarzbraunen oberen Kopf und einen kürzeren Schopf. Der Kopf ist weißlich, die Kehle besitzt dunkle Schaftstriche. Der Hals ist mehr grau, der Kragen im Nacken lediglich angedeutet. Die Brust ist bräunlich grau. Die Bauchmitte weist nicht das Braun wie beim Hahn auf.

Diese Wachtel baumt gelegentlich auf.

Haltung und Zucht

Wachteln benötigen im Allgemeinen keine sehr großen Gehege und *Schutzhäuschen*. Einem Paar genügen oft schon Abmessungen von 2×2 m bei ebenfalls 2 m Höhe. Wichtig ist, dass die *Gehege* wenigstens stundenweise täglich besonnt werden. Betonboden mit seitlicher Aufmauerung der Sockel, Metallgerüst und Maschendrahtbespannung ergeben eine sichere Unterkunft für die Wachteln. Anschließend am Gehege steht das kleine, aber möglichst massive Schutzhaus. Der Übergang zwischen Schutzraum und Voliere sollte überdacht sein, um einen regen- und schneesicheren Außenaufenthalt zu gewährleisten. In der Gehegemitte kann man große Kübel mit Pflanzen aufstellen. Trennwände zu Volierenabteilen werden mit hochgezogenen Sichtblenden versehen, damit sich die Hähne nicht ständig bekriegen. Wachteln kann man kühl, trocken und zugfrei *überwintern*. Die Nester werden im dichten Gebüsch angelegt, sodass man zwischen den Kübelpflanzen Grassoden auflegt und Verblendungen mit Koniferenzweigen vornimmt, um Nistmöglichkeiten zu gewähren.

Volierenabteile erlauben das Trennen der Geschlechter. Unsere heimischen Wachteln und die Japanwachtel kann man paarweise in einem größeren Gehege halten. Die *Europäische Wachtel* kann man auch bei guter Deckung im Gehege so hal-

Europäische Wachtel

ten, dass ein Hahn auf zwei oder mehr Weibchen kommt. Japanwachteln brüten kaum noch selbst.

In der Wachtelzucht finden wir sowohl kleine Liebhaberzuchten als auch große Farmen in Form von Eierproduzenten und Fleischmastbetrieben.

Raufußhühner

Raufußhühner (Tetraoninae) kommen nur auf der Nordhalbkugel vor, wo ein gemäßigtes oder kaltes Klima vorherrscht. Die Nasenlöcher sind mit Federn bedeckt, Läufe und bei einigen Arten auch

Selten anzutreffen: Auerhahn

die Zehen sind ganz oder teilweise befiedert. Über den Augen tragen die Tetraoniden nackte, warzige und farbige Hautschwellkörper. Bei einigen Arten sind die Handschwingenfahnen schmal ausgebildet, sodass im Flug pfeifende Geräusche entstehen. Die Vögel sind Bodenbewohner, die pflanzliche Nahrung aufnehmen. Sie fressen Sämereien, Beeren, Wurzeln und Triebe; auch Koniferennadeln, Insekten und Kleintiere werden verzehrt. Auffällig ist auch das Balzverhalten, wobei nicht selten eine Gemeinschaftsbalz betrieben wird. Die Geschlechter unterscheiden sich in Größe und Federkleid. Die Vögel bewohnen Wälder, Steppen und Tundren. Viele Arten sind Gebirgsbewohner. Zu den Raufußhühnern zählen Auerhuhn, Birkhuhn, Haselhuhn, Alpenschneehuhn sowie das Schottische Moorschneehuhn. Die Haltung der wunderschönen und im Verhalten so interessanten Vögel ist nur etwas für Spezialisten, weil vielfach Kenntnisse ihrer Biologie fehlen, Krankheiten bei der Haltung und vor allen Dingen bei der Zucht erhebliche Schwierigkeiten bereiten. Kreuzungen im Freileben kommen bei vielen Arten vor. Man vermutet, dass die Hähne die sich oft sehr ähnlich sehenden Hennen nicht unterscheiden können. Hennen schließen sich bei Ausfall arteigener Hähne auch fremden Arten an.

Steinhühner

Den Rebhühnern sehr ähnlich sind die Steinhühner (Alectoris), von denen besonders die europäische Unterart, nämlich das *Alpensteinhuhn* (A. graeca saxatilis), bekannt ist. Diese Vögel bewohnen sonnige Hänge der Alpen, die viel Gestrüpp und eine niedrige Pflanzendecke aufweisen. Die Vögel steigen hinauf bis zur Schneegrenze und kehren mit Wintereinbruch zurück in tiefere Lagen. Man nimmt an, dass vier Formen der Steinhühner selbstständige Arten sind: Neben dem Alpensteinhuhn noch das Chucar-Steinhuhn, das Schwarzkopf-Steinhuhn sowie das Philby-Steinhuhn. Bei den Steinhühnern ist schon lange das Doppelnisten von Henne und Hahn bekannt.

Bei Liebhabern wird nicht gerade selten das *Chucar-Steinhuhn* (A. chucar) gehalten, eine lebhafte Art, die ein weites Verbreitungsgebiet bewohnt, das von der südöstlichen Balkanhalbinsel über Kleinasien bis in die Mongolei reicht. In den Grenzgebieten, in denen das Steinhuhn vorkommt, gibt es Vermischungen mit dem Chucar-Huhn. Ausgesetzt wurden Chucar-Hühner auch in Italien und Frankreich, in Afrika und anderswo. Vom Chucar gibt es 14 Unterarten. Die Geschlechter sind gleich gefärbt. Bei der Nominatform sind die Stirn und die Binde, welche Augen und Ohrdeckenfleck umwindet, schwarz, der Scheitel weinrot, was seitlich wieder wie auf dem hinteren Haupt ins Aschfarbige übergeht. Ein grauweißes Band zieht sich über die Augen- und Ohrengegend. Rötlich sind der obere Rücken und die Schultern. Der untere Rücken, die Oberschwanzdecken und der Bürzel sind wieder aschgrau, die Schwanzfedern gelblich grau. Die äußeren Schultern sind aschgrau bei rötlicher Säumung. Die kleinen und mittleren Flügeldecken und die inneren Armschwingen sind gleich wie der Rücken gefärbt, die äußere Flügelbefiederung ist wieder aschgrau. Die Arm- und Handschwingen sind braun und tragen einen gelblichen Mittelfleck. Von hellem Ockergelb sind Wangen, Zügel, Kinn und Kehle, wobei die Spitze des Kinns schwarz erscheint. Die obere Brusthälfte ist in der Mitte aschgrau, während die Seiten rötlich herauskommen. Die untere Brust verläuft grau. Die Unterseite ist von hellerem Gelb. Die Flanken tragen eine schwarze und rotbraune Bänderung. Schnabel und Läufe sowie der Augenring sind rot.

Alpensteinhuhn

Eine Besonderheit bei den Steinhühnern ist die schon erwähnte Merkwürdigkeit im Brutverhalten, die auch bei amerikanischen Zahnwachteln vorkommt: Hier erbrütet manchmal der Hahn das erste Gelege und führt seine Jungen, während die Henne auf einem zweiten Gelege sitzt und anschließend wieder selbst ihre ausgebrüteten Küken führt.

In Asien werden Chucar-Hühner bisweilen jung aufgezogen. Sie werden völlig zahm und laufen auf den Höfen und in den Hütten frei herum. Auf Fremde gehen die

Chucar-Steinhuhn

kleinen Hühner los. Auch werden sie in Käfigen als Kampfhähne gehalten.

Einer Gruppe von Chucar-Hühnern darf man keine fremden Steinhühner beigeben, weil diese bekämpft werden. Beschneidet man eine Handschwinge, so sind die Vögel auch bei uns in großen Freiläufen zu halten. Chucar-Hühner können wohl mit anderen Vögeln zusammen gehalten werden, jedoch nicht mit Rebhühnern und Wachteln. Diese Art ist von allen Steinhühnern für die Gehegehaltung am geeignetsten. Das Futter besteht aus Sämereien und Grünzeug. Sonst fressen die Hühner kleinen Weizen, ein wenig Hanf, Hirsearten und Spitzsaat.

Die Volierengröße sollte etwa 4 m^2 betragen, wobei man mittig oder seitlich einen Haufen Naturgestein auftürmt und als Bepflanzung Latschenkiefern, Kirschlorbeer, Ginster und andere Hartlaubpflanzen auswählt. Wichtig ist, dass die Vögel in einer Ecke trockene Erde und ein Sandbad vorfinden.

Die Hühner werden sehr anhänglich, besonders die Hennen. Hähne kann man dadurch erkennen, dass diese kräftiger sind und ein dickeres Haupt aufweisen. Auch ist ihr Schnabel von glühenderem Rot. Gewöhnlich scharren die Hennen eine Nestmulde und legen ihre Eier dort hinein. Nach 24 Tagen schlüpfen die Jungvögel. Sie erhalten zunächst klein gehacktes Ei, dazu Mohnsamen und Grünzeug. Wenig später ersetzt man das Ei durch Quark, den Mohn durch ungeschälte Hirsearten. Nach zweieinhalb Monaten beginnt die Umfärbung, die nach vier Monaten schon fast dem Alterskleid gleichkommt. Mit vier Monaten geben die Jungvögel auch die Lautäußerungen der Altvögel von sich. Bei uns legen die Althennen bis in den August hinein und kommen auf etwa 40 befruchtete Eier. Das Chukar-Huhn gilt als dankbarer Anfängervogel in der Liebhaberhaltung.

Rebhühner

Zur Unterfamilie der Feldhühner zählen auch die *Rebhühner* (Perdix), die in acht Rassen in Eurasien verbreitet sind und in Nordamerika eingebürgert wurden. Die Geschlechter sind recht ähnlich gefärbt. Die Vögel fressen animalische und pflanzliche Kost. Heimische Rebhühner legen in einer flachen Mulde 10 bis 20 bräunliche Eier, die von der Henne bebrütet werden, während der Hahn in Nestnähe Wache hält. Sind die Küken geschlüpft, nimmt der Hahn sie unter sein Gefieder. Mit 16 Tagen können die Jungvögel bereits fliegen. Im Herbst schließen sich die Vögel mit den benachbart lebenden Familien zu größeren Ketten zusammen. Rebhühner (Perdix perdix) leben auch bei uns. Hähne der Nominatform sind im Scheitel und Nacken gelblich braun. Darunter liegt ein schmaler weißgrauer Überaugenstreifen. Die Stirn, die Kopfseiten, Kinn und Kehle sind rostbraun, die Ohrdecken dunkelbraun. Hals und vorderer Rücken sind hellgrau mit schwarzer leichter Bänderung. Hinterrücken, Bürzel und Oberschwanz-

Das Rebhuhn besitzt eine gute Tarnfarbe.

decken sind hellgrau mit leicht rostbräunlichem Anflug, dazu schwarz und braun mit Wellen überhaucht. Der Schwanz ist kastanienbraun, die Flügeldecken sind rostbraun und schwarz mit Wellen überzogen.

Die schwarzen Armschwingen zeigen rostgelbe Binden, die an den Enden weiß gesäumt sind. Handdecken und Handschwingen sind dunkelbraun mit gelblichen Quer binden. Hals und Brust sind hellgrau und zeigen schwarze Wellen. Brustseiten und Flankenpartie sind braun gebändert. An der unteren Brust findet sich ein brauner Fleck in Hufeisenform, während die Bauchmitte weißlich erscheint. Die Unterschwanzdecken sind gelblich mit weißen Streifen. Hennen besitzen einen kleineren Fleck in Hufeisenform. Manchmal fehlt er ganz. Der Schnabel der Vögel ist grün und hornfarbig. Als Kulturfolger hat sich das Rebhuhn als Steppen- und Heidebewohner bei uns eingebürgert, als die Wälder gerodet wurden. Von Juli bis März leben die Rebhühner in größeren Familien zusammen und beanspruchen nun ein Revier. Dann lösen sich solche Verbände auf und die einzelnen Paare besetzen ihre Brutreviere.

In alten Zeiten sammelte man die Rebhuhneier ein und ließ sie von Haushennen erbrüten. Im Gegensatz zu Wildfängen werden die Vögel dann zutraulich. Diese Hühnervögel sind einfach zu halten und zu züchten. Rebhühner werden sehr zahm. Die Gehegegröße für ein Zuchtpaar sollte etwa 2×2 m betragen. Jungtiere sind dann zu entfernen, sobald das Wetter im Vorfrühling wärmer wird. Die Brutzeit beträgt etwa 25 Tage. Bis zum Alter von etwa 14 Tagen bekommen die Küken fast ausnahmslos animalische Kost. Mit 14 Tagen können sie fliegen, mit fünf Wochen sind junge Rebhühner selbstständig.

Für die Küken kann man anfangs auf einem Futterbrettchen klein gehackte Schafgarbe mit gekochtem Eigelb reichen. Ab dem 3. Tag kommt gekochtes Eiklar hinzu und ganz feines Kükenalleinkorn für Hühnerküken. Ab dem 4. Tag kann man Fasanenweichfutter hinzugeben und einen kleinen Mehlwurm pro Küken. Ab dem 5. Tag gibt es noch getrocknete Haferflocken dazu. Das Anfangsfutter wird nun langsam zurückgenommen, die Mengen an Fasanenweichfutter, Alleinkorn und Haferflocken vergrößert. Auch Kükengrütze für Hühnerküken kann jetzt gereicht werden. Die Mehlwurmgaben steigen nun an. Ab dem 8. Tag kann man fünf Mehlwürmer reichen. Die Eifütterung kann man ganz einstellen, wenn die Tiere etwa sieben Mehlwürmer pro Küken erhalten. Schließlich werden Haferflocken, Alleinkorn und Grütze vermehrt. Letztere wird gekocht, dazu gibt es auch gekochten Reis. Es gibt heutzutage auch für verschiedene Altersstufen der Hühner Pellets, welche auch je nach Jahreszeit unterschiedliche Bestandteile enthalten. Erwachsene Rebhühner bekommen viel Grünfutter, dazu Waldvogel- und Taubenfutter, ebenso einige Mehlwürmer.

Mit anderen bodenbewohnenden Vögeln kann man die Rebhühner nicht zusammen halten.

Frankoline

Die *Frankoline* (Francolinus) stellen innerhalb der Feldhühner eine Gruppe von Hühnervögeln mit rund 40 Arten dar, die wachtel- bis rebhuhngroß sind. Sie besitzen kräftige, leicht gebogene Schnäbel, kräftige Läufe, die oft Sporen haben, sowie kurze, rundliche Schwänze mit 14 Steuerfedern und meist gleiche Färbung in beiden Geschlechtern. Die Weibchen sind kleiner. Die Vögel leben in Einehe, außerhalb der Brutzeit auch in Familienverbänden. Frankoline wohnen in fünf Arten in Asien, alle anderen Arten kommen in Afrika vor. Die Vögel leben in allen möglichen Biotopen mit Ausnahme von Wüsten und Schneefeldern. Im

Madagaskar-Frankolin-Paar

Mittelalter siedelten die Mauren sie auch in Südeuropa an (Halsbandfrankolin), wo die Vögel aber wieder durch Nachstellungen verschwanden. Die Hennen scharren flache Nestmulden zwischen Gräsern und legen hier hinein ihre sechs bis acht hartschaligen Eier, die 19 bis 21 Tage bebrütet werden. Die Hähne wachen derweil. Später werden die Küken vom Paar geführt. Junge Frankoline im Daunenkleid sehen sich bei allen Arten sehr ähnlich.

Frankoline fressen neben pflanzlichen Stoffen auch Insekten und alle möglichen Kleintiere, die sie erwischen können, also auch kleine Nager und Reptilien. Mit den starken Schnäbeln graben sie nach Wurzeln und Pflanzenzwiebeln.

Wenn man den Vögeln große, gut und dicht bepflanzte Volieren zur Verfügung stellt, kommt es auch zur Brut. Durch Haushennen oder künstlich ausgebrütete Junge werden sehr zutraulich und brüten später recht zuverlässig. Auch in neuerer Zeit hat man versucht, verschiedene Frankolinarten auszuwildern, was bislang dauerhaft nur auf Hawaii gelang. Frankoline bedürfen zur erfolgreichen Haltung eines Schutzhauses, das beheizt werden kann, weil sonst leicht die Zehen erfrieren. In Zuchtverfassung bringt man die Vögel im Frühling durch Fasanen- oder Putenlegefutter in Pelletform, das einen hohen Eiweißanteil aufweist.

Eine bekannte Art ist der *Halsbandfrankolin* (Francolinus francolinus) aus Asien, bei dem beide Geschlechter unterschiedlich gefärbt sind. Der Hahn besitzt einen dunkelbraunen Scheitel mit hellerer Federsäumung. Der Nacken ist dunkelbraun und dabei weiß gesäumt. Stirn und Kopf sind vorwiegend schwarz. Unterhalb der Augen ziert ein weißes Band, das sich verbreitert und über die Wangen zu den Ohrdecken verläuft. Darunter liegen auf dem oberen Mantel schwarze Federn mit weißem, rundem Fleck. Rücken, Bürzel und Oberschwanzdecken sind schwarz mit einer weißen Querbänderung. Die mittleren Schwanzfedern sind schwarz mit aufgehellter Bänderung, die äußeren Schwanzfedern sind schwarz. Schultern, kleine Flügeldecken und innere Armschwingen sind dunkelbraun und haben gelbliche Längsstreifen. Die großen Flügeldecken, die äußeren Armschwingen und die Handschwingen sind gelblich, mit schwarzen Querbändern versehen.

Die Brust ist schwarz und hat seitlich weiße Flecken. Die Flanken sind schwarz und haben auf beiden Fahnen jeweils einen weißlichen Fleck, was nach hinten ein V-Muster bildet. Die untere Brust und die Schenkel sind schwarz bis schwarzbraun mit weißen Flecken und Binden. Bauchmitte und Steiß sind rotbraun bei weißlicher leichter Bänderung. Die Unterschwanzdecken sind kastanienbraun mit weißlicher Bänderung. Die Läufe sind rot, der Schnabel ist schwarz. Die kleineren Hennen tragen im Nacken weiße Rundflecken, die einen rotbraunen Nackenfleck umgeben. Rücken, Oberschwanzdecken, Bürzel und mittlere Schwanzfedern tragen auf graubraunem Grund eine schmale, gelbliche, schwarz gesäumte Bänderung. Die Schwingen fallen heller als bei den Hähnen aus. Unterhalb des Scheitels ist der Kopf gelblich mit einem leichten Hinteraugenstreif, der bis zu den Ohrdecken geht. Kinn und Kehle sind weiß. Die Halsseiten und die Unterseite sind gelblich, die Flanken mehr von hellerem Ocker. Die Brustfedern zeigen einen weißen, schwarz gesäumten Herzfleck, die Bauchfedern ein schwarzes V-Muster. Die Unterschwanzdecken sind hellrotbraun mit Bänderung. Der Schnabel ist verschiedenartig dunkel.

Die Vögel kann man in gut bepflanzten Volieren halten. Aufzuchten gelangen bisher mit Fasanenfutter, gekochtem Ei, Grünzeug und lebenden Insekten. Nicht selten gelangen Zuchten mit Hühnerglucken. Mit 14 Tagen fressen die jungen Halsbandfrankoline bereits kleines Körnerfutter, aber natürlich auch viele Insekten.

Die schön gefärbte Art erfreut sich großer Beliebtheit. Frankoline werden nur selten eingeführt. Bei vielen Arten gelang die Nachzucht nur gelegentlich.

Weiter gibt es noch eine erhebliche Artenzahl an Frankolinen.

Bambushühner

Bambushühner (Bambusicola) sind Bewohner der Wälder, haben sich aber vielfach der Kulturlandschaft angepasst. Dann hausen sie in kleinen Feldgehölzen und auf Hügelkuppen, die mit wirrem Bambusgestrüpp bewachsen sind. Es sind rebhuhngroße Vögel, die in Einehe leben und gemeinsam die Küken aufziehen. Die Geschlechter unterscheiden sich nur wenig voneinander. Der bekannteste Vertreter dieser Gruppe ist das Chinesische Bambushuhn (Bambusicola thoracica).

Die Vögel werden zwar nur sehr selten gehalten, sind aber gut zu pflegen und zu züchten. Nachteilig ist ihre laute Stimme, sodass sie fast nur in zoologischen Gärten gehalten werden.

Ziertäubchen

Systematik der Tauben

Die Ordnung der Taubenvögel (Columbiformes) umfasst zunächst die Familie der Tauben (Columbidae) mit der Unterfamilie der Fruchttauben (Treroninae). Hier finden sich die Gattungen Grüntauben (Treron), Leucotreron, Chrysoena, Megaloprepia, Papageitauben (Sphenurus), Flaumfußtauben (Ptilinopus), Eigentliche Fruchttauben (Ducula), Drepanoptila und Hemiphaga.

Bei der Unterfamilie Eigentliche Tauben (Columbinae) finden wir die Gattungen Feldtauben (Columba), Schweiftauben (Macropygia), Amerikanische Turteltauben (Zenaidura), Zenaida, Ectopistes, Turteltauben (Streptopelia), Tympanistria, Turtur, Oena, Lophophaps, Nesoenas, Glanztauben (Chalcophaps), Geopelia, Sperlingstäubchen (Columbigallina), Scardafella, Columbina, Bergtauben (Oreopeleia), Schallschwingentauben (Leptotila), Amerikanische Erdtauben (Geotrygon), Dolchstichtauben (Gallicolumba) und Caloenas.

Bambushuhn

Die Unterfamilie Krontauben (Gourinae) hat nur die Gattung Krontauben (Goura). Die Unterfamilie Zahntauben (Didunculinae) hat nur eine Gattung, nämlich Didunculus.

Auffällig ist, dass die Tauben beim Trinken den Schnabel ins Wasser tauchen und dann die Flüssigkeit aufsaugen. Die Vögel gurren auch, können sogar pfeifen, brummen oder zischen. Die Arten leben in Einehe und bauen meist lose Nester aus Zweigen und ähnlichem Material. Die Gelege bestehen in der Regel aus einem oder zwei Eiern. Die Eltern atzen die Jungen mit Kropfmilch. Später gehen sie über zur Fütterung von Samen, Körnern und Früchten. Beim Balzen zeigen die Tauben das typische Rucksen, wobei sie sich verbeugen und gurren. Die Geschlechter unterscheiden sich meist wenig im Federkleid. Die meisten Arten gehen wenigstens zeitweilig auf Bäume, aber Erdtauben leben zumeist auf dem Boden, andere Arten hausen in Felsformationen. Tauben fressen Sämereien, Körner und Früchte. Die in ungeheuren Scharen einst in Nordamerika vorkommende Wandertaube wurde leider ausgerottet. Einige Taubenarten wurden durch den Menschen in unterschiedlichen Regionen der Erde ausgesetzt.

In einer kurzen Beschreibung der einzelnen Taubenformen nach Rösler stelle ich nachstehend die typischen Merkmale dieser Gruppen vor.

Die Gattung *Columba* umfasst mittelgroße Arten, die weltweit vorkommen und gute FliegerInnen sind. Es sind zumeist blaue, graue und braune Vögel, von denen viele gut gehalten werden können.

Die Gattung *Streptopelia* (Turteltauben) zeigt meist Lachtaubengröße und ist in Afrika, Amerika, Europa und Asien verbreitet. Die Vögel können gut fliegen und besitzen lange, stufige Schwänze. Die Tauben suchen ihre Nahrung am Boden, ruhen aber auf Bäumen.

Die Gattung *Macropygia* (Kuckuckstauben) steht größenmäßig in etwa zwischen den vorgenannten Gattungen, besitzt vielfach rotbraunes Gefieder mit Streifen und Tüpfeln und bewohnt Südostasien, Australien und die Salomonen. Die Vögel legen ein Ei, sind Baumbewohner, fliegen rasch und besitzen kurze Beine zum Klettern im Geäst.

Die Gattung *Reinwardtoena* (Langschwanztauben) ist auffällig gemustert und ist in Australien, Neuguinea und auf nahen Inseln verbreitet.

Die Gattung *Turacoena* (Weißgesichttauben) scheint sowohl der Gattung Columba als auch den Kuckuckstauben (Macropygia) nahezustehen.

Die Gattungen *Turtur* und *Oena* (Afrikanische Buschtauben) sind Buschbewohner Afrikas. Sie suchen die Nahrung am Boden, schlafen und nisten aber in Gehölzen. Sie sind meist etwas kleiner als Lachtauben, zeigen einen Schulterfleck und einen Fleck auf den Flügeldecken. Viele von ihnen werden in Menschenobhut gepflegt, müssen aber warm gehalten werden. Sonnenbestrahlung ist wichtig.

Die Gattungen *Chalcophaps, Henicophaps* und *Phaps* (Grünflügel- und Bronzetauben) leben von Vorder- und Hinterindien über Indonesien, Neuguinea bis hin nach Australien. Es sind Bodenbewohner. Die meisten Arten leben in Wäldern. Sie fressen Sämereien, aber auch tierische Kost. Viele werden als Volierenvögel gepflegt.

Die Gattungen *Ocyphaps, Geophaps* und *Petrophassa* (Australische Bodentauben) umfassen Arten, die meist am Boden leben und brüten und in ihrer trockenen Heimat auf der Erde nach Samen suchen.

Die Gattung *Geopelia* (Indo-australische Kleintauben) ist durch fünf Arten vertreten, die von Hinterindien über die südostasiatische Inselwelt bis nach Australien verbreitet sind.

Die Gattung *Leucosarcia* ist mit der Wongataube in Australien verbreitet, die Gattung *Caloenas* (Mähnentauben) in der südostasiatischen Inselwelt.

Braune, graue und rosa Farbtöne zeichnen die Tauben der Gattung *Zenaida* (Trauertauben) aus, kleinere Tauben mit 14 Schwanzfedern. Sie suchen Nahrung am Boden, fliegen aber in Gehölze und legen dort meist ihre Nester an. Sie fressen Samen, Beeren, Früchte und Insekten. Die Galapagostaube lebt in mehr steinigem, felsigem Gelände.

Als Amerikanische Kleintauben gelten die Vertreter der Gattungen *Scardafella, Columbina, Claravis, Metriopelia* und *Uropelia*. Es sind meist kleine, kompakt gebaute, kurzschwänzige Tauben mit unauffälligem Gefieder in Grau- und Brauntönen, die Körner aufnehmen. Sie brauchen Wärme und müssen in beheizten Räumen überwintert werden. In Menschenobhut fressen diese Vögel Hirsesorten, Mohn, Glanz, Leinsamen, viel klein gehacktes Grünzeug und Waldvogelfutter. Zur Aufzucht empfiehlt sich Körnerkeimfutter. Meist kann man die Arten mit anderen Tauben vergesellschaften. Wichtig ist Sonneneinstrahlung, sonst wird Melanin eingelagert.

Die Gattung *Leptotila* (Schallschwingentauben) ist gleichfalls in Amerika zu Hause. Es sind bisweilen Arten von einiger Größe darunter, während die kleineren Lachtaubengröße aufweisen. Mit ihren kräftigen Beinen können die Vögel am Boden der Dickichte umherlaufen. Die äußerste Handschwinge ist zugespitzt, sodass beim Auffliegen ein Geräusch entsteht. Die Nahrung wird am Boden gesucht. Sie besteht aus Samen und Beeren. Dieses Futter wird in Menschenobhut durch Grünzeug, Waldvogelfutter sowie Mehlwürmer und Eifutter angereichert.

Bei den *Erdtauben* handelt es sich um Täubchen, die am Boden nach Nahrung suchen, meist am Boden leben und nur zum Ruhen aufs Geäst fliegen. Junge Erdtauben verlassen sehr zeitig das Nest, können verklammen und sind durch Volierenmitbewohner gefährdet. Die Vögel fressen Sämereien, Beeren und Obst, dazu aber einen größeren Anteil an tierischer Nahrung, was bei der Liebhaberhaltung berücksichtigt werden muss. Die Vögel sind warm zu halten. Auch im Schutzraum muss Walderde ausgestreut werden, sonst kommt es zu Zehenerkrankungen. In Amerika kommen die Gattungen *Geotrygon* und *Starnoenas*, in Südostasien jene der Gattung Gallicolumba vor. Die Gattung *Trugon* (Dickschnabel-Erdtauben) wird durch die Neuguinea-Erdtaube vertreten.

Vertreter der Erdtauben: Celebes-Gelbbrust-Erdtaube

Die Fasantaube der Gattung *Otidiphaps* gleicht eher einem hochbeinigen Fasan als einer Taube und trägt auch einen dachförmigen Schwanz. Beide Geschlechter gleichen sich. Die Tauben bewohnen in Arten Neuguinea und Inseln.

Auf den Philippinen kommen die *Braunen Fruchttauben* der Gattung *Phapitreron* vor.

Beispiel für Grüntauben: Waalietaube

Vertritt die Fruchttauben: Prachtfruchttaube

Die *Grüntauben* der Gattung *Treron* zeigen ein keineswegs leuchtendes Grün, das durch Lichtwirkung in den Waldbäumen „verschwindet". Die Tauben kommen in Afrika sowie in Süd- und Ostasien vor, viele auf den Inseln dort. In der 3. Handschwinge von außen zeigen die Vögel eine Ausbuchtung. Sie fressen häufig wilde Feigen, deren Samen aber im Magen zerrieben werden. Die Vögel turnen wie Klettervögel im Geäst umher, fliegen geschickt und erzeugen dabei pfeifende Geräusche. Die Tauben quieken, quaken, pfeifen und flöten. Als Pfleglinge fressen sie gekochten Reis, Samen, Obst und Beeren. Es müssen in der Voliere Klettermöglichkeiten geschaffen werden. Die Tiere müssen warm überwintert werden.

In Bergwäldern, auch in höheren Lagen in Südostasien, leben die Vertreter der Gattung *Sphenurus* (Spitzschwanztauben), die stark verlängerte mittlere Steuerfedern tragen. Sie benötigen große Gehege mit hoch angebrachten Sitzstangen und fressen Beeren sowie Früchte. Zum Nestbau werden frische und trockene Zweige verwendet.

Auf Neuguinea, den Salomonen und in Polynesien leben die *Flaumfußtauben* der Gattungen *Ptilinopus* und *Drepanoptila* (Spaltschwingentauben). Es sind meist lachtaubengroße Vögel. Einige von ihnen haben ein unglaublich farbenprächtiges Gefieder. Die Vögel fressen Früchte und Beeren, aber auch Knospen und Blattteile. Im Magen wird das Fruchtfleisch von Kernen und Steinen gekratzt. Die Nester stehen meist in Bäumen.

Blaue Fruchttauben der Gattung Alectroenas sind größere Vögel von den Komoren, Seychellen und aus Madagaskar. Die Innenfahne der äußeren Handschwinge ist durch eine Ausbuchtung gekennzeichnet. Die Vögel fressen Beeren und Früchte.

Zu den Großen Fruchttauben zählt man die Gattungen *Ducula, Lopholaimus, Hemiphaga* und *Cryptophaps.* Diese Vögel leben in Indien, Poly- und Mikronesien sowie in Neuguinea. Die großen, schweren Vögel ernähren sich von Früchten. Sie verwerten aber nur das Fruchtfleisch, scheiden die Samen aus und verbreiten auf diese Weise die Pflanzen. Einige Arten fressen auch Knospen und Blätter. Mineralien werden mit der Erde aufgenommen. Die Tauben zeigen zarte Farben und auffällige Muster. Sie legen nur ein Ei, benötigen große, bepflanzte Gehege und stellen große Ansprüche an die Nahrungsbeschaffung.

In den Bergwäldern Neuguineas wohnen die Bergtauben der Gattung *Gymnophaps,* die ein Verdauungssystem wie die Fruchttauben besitzen, schnell und reißend fliegen.

Drei Arten und mehrere Unterarten umfasst die Gattung *Goura.* Die Krontauben erreichen fast Putengröße, hausen in Flachlandwäldern von Neuguinea und suchen am Boden paarweise oder in kleinen Gruppen nach Nahrung. Sie legen nur ein Ei und brüten 28 Tage. Den Kopf ziert eine Federhaube. Sie benötigen bepflanzte Volieren, beheizte Innenräume und sehr große Nestunterlagen, die etwas höher angebracht sein müssen. Die Vögel fressen Samen, Früchte, Insekten, Schnecken, Knospen und junges Laub. Als Futtergemisch reicht man in der Liebhaberhaltung Weizen, Gerste, Mais, Erbsen, Reis, Wicken, Sojabohnen, Hanf und Hirsesorten, Spitzsaat, Erdnüsse, Sonnenblumenkerne und Bucheckern. Als Weichfutter bekommen die Tauben gekochte Mohrrüben und Reis, Weißbrot, Obst, Rosinen, Garnelen, Würmer und Schnecken.

Die Gattung *Didunculus* (Zahntauben) besitzt nur eine Art mit einem hakig gebogenen Schnabel. Sie lebt auf Samoa.

Geeignete Ziertauben für die Liebhaberhaltung

Häufig werden vom Ziergeflügel-Liebhaber auch kleine Taubenarten gehalten. Aus der Fülle der Arten eignen sich besonders einige Kleintäubchen aus Amerika, Australien und Afrika.

Vor allem wird das *Diamanttäubchen* (Geopelia cuneata) gerne gehalten. Neben der Wildfarbe kennt man Silber und Brillant. Diese Farben kommen auch als Weißbürzel vor. Weiterhin gibt es Braune und Rote, dann Schecken und Weiße.

Das amerikanische *Inkatäubchen* (Scardafella inca) kann sehr gut als Volierenbewohner gehalten werden. Auch das *Sperlingstäubchen* (Columbina passerina) ist ein geeigneter Vogel für das Gehege. Eine sehr empfehlenswerte Taube ist die *Hauslachtaube* (Streptopelia roseogrisea „risoria“), die seit langen Zeiten domestiziert ist. Ich habe in den USA Zuchten mit Hunderten dieser Tauben gesehen. Lachtauben werden häufig auch als Ammen für empfindliche Wildtaubenarten eingesetzt. Die Tauben sind gut im Freiflug zu halten, wenn man einen Garten mit Bäumen besitzt. Allerdings müssen sie frostfrei überwintert werden.

Neben seidenfiedrigen Tauben kommen normalfiedrige Schläge in vielen Farben vor. Da gibt es außer den Wildfarbigen auch Weiße, Gelbe, Isabellen, Gescheckte in allen möglichen Farben, so Weiße mit schwarzem Halsband oder rosa Tiere. Auch eine Art Orangefarbe mit weißem Halsring trat auf, dann gibt es hellwildfarbige Tauben und solche mit unterschiedlich gefärbtem Halsring. Häufig wird von neuen Farbentypen berichtet, die aber nicht immer wirklich Neuheiten darstellen. Aber es

Das Diamanttäubchen weist eine wunderschöne Perlung auf den Flügeln auf.

kommen auch Albinos vor. Vielfach wird auch heute die Türkentaube (Streptopelia decaocto) und die Felsentaube (Columba livia), die Stammform der Haustaube, bei Freunden von Ziertauben gehalten. Fortgeschrittene Züchter halten und züchten auch Fruchttauben und Erdtauben.

Von den rund *300 Taubenarten* der Erde sind 44 Arten Erdtauben und 118 Fruchttauben. Die restlichen Wildtaubenarten sind Körnerfresser.

Nachfolgend habe ich einige wenige Arten aufgeführt, die sich für den Anfänger in der Wildtäubchenhaltung und -zucht eignen könnten.

Wildtaubenarten

Die *Felsentaube* (Columba livia Gmelin) gilt als Stammform unserer Haustaube. Sie lebt auf Felsen, in Höhlen und gebirgigen Schluchten in weiten Teilen Europas, Asiens und Afrikas. Die Tauben fliegen gerne, weswegen man sie wie Haustauben halten kann.

Felsentauben lassen sich gut in einem normalen Taubenschlag mit angrenzender Voliere halten. Sie brüten hier in Nistzellen

Die Felsentaube ist die Ahnin unserer Haustauben.

gleich den Haustauben und können auch im Freiflug gehalten werden. Sie sind allerdings anfälliger gegenüber allen Haustaubenkrankheiten. Deswegen ist auf gute Schlaghygiene zu achten.

Die Tauben verzehren im Freileben kleine Sämereien, Beeren und Grünfutter. In der Haltung beim Liebhaber können sie wie Haustauben mit kleinerem Taubenfutter ernährt werden, was auch für atzende Alttauben gilt. Müssen die Tauben in Gehegen gehalten werden, so sind diese entsprechend dem Bewegungsdrang der Felsentauben groß genug zu bauen.

Felsentauben kommen in etwa 14 Unterarten vor. Die Stammform hat ungefähr die Größe einer Stadttaube, wirkt ein wenig gedrungener und besitzt einen schmaleren Schnabel mit kleinerer Wachshaut. Der Schwanz wirkt kürzer. Die Hauptfarbe ist ein Blaugrau, wobei die Flügeldecken etwas blasser sind. Unterflügel und Bürzel sind weiß, jedoch nicht in allen Fällen; weiße Bürzel tragen aber anscheinend zur Verwirrung von Beutegreifern aus der Luft bei. Der Schwanz ist mit einem schwarzen Endband geziert. Hals und obere Brust schimmern grünlich und purpurn. Der Schnabel ist dunkel, die Wachshaut hell. Beine und Füße sind rot, die Iris ist gelborange. Täubinnen sind mehr von einem matten Grau, Jungtauben wirken insgesamt farblich matter.

Die *Türkentaube* (Streptopelia decaocto) bewohnt weite Teile Asiens und hat sich in den letzten Jahrzehnten weit in Europa ausgebreitet. In den Städten haust sie in Parks, auf Friedhöfen und hält sich im Winter gerne an Kleintierzuchtanlagen oder in Zoos auf, wo sie Futter findet. Türkentauben fressen im Freileben Sämereien, Beeren und Grünzeug. Von dieser Art gibt es auch Unterarten.

Man kann Türkentauben in einem offenen Schutzhaus mit anschließender Voliere halten, da sie winterhart sind. Dünne Sitz-

Türkentaube

stangen gewährleisten, dass die Vögel die Füße gut wärmen und diese nicht anfrieren. Man nimmt allerdings nur Nachzuchten aus der Liebhaberhaltung, weil sich Frischfänge wenig eignen und scheu bleiben. Eingewöhnte Türkentauben ziehen ihre Jungen sicher auf. Man füttert die Tauben mit kleinen Sämereien, Grünfutter, Getreide und kleinkörnigen Mischfuttersorten.

Die Türkentaube ähnelt farblich etwas der Lachtaube, ist aber ein wenig größer in der Gestalt und dunkler gefärbt. Kopf und Hals sind grau. Am Nacken erscheint ein schwarzes Band, das weiß gesäumt ist. Aschgrau sind Mantel, kleinere Flügeldecken und Rücken, während Hand- und Armschwingen dunkelbraun mit helleren Säumen sind. Die Brust ist mattgrau und schimmert violett. Der Bauch geht ins Aschgraue über. Die Unterschwanzdecken sind aufgehellt, die Steuerfedern von hellem Braun, die äußeren mehr schwarzbraun an der unteren Hälfte, am Ende jedoch weißlich. Der Schnabel ist dunkel, die Iris rubinrot. Die Füße sind rot. Die Unterart aus Asien ist aufgehellter und ein wenig größer.

Eine sehr empfehlenswerte Taube ist die *Hauslachtaube* (Streptopelia roseogrisea „risoria"), von der es viele farbliche Varianten und auch seidenfiedrige Formen gibt. Die Tauben werden heute auch zu Forschungszwecken gehalten.

Hauslachtaube (Lachtaube)

Vielleicht sind Hauslachtauben in Indien domestiziert worden. Die Tauben lassen sich paarweise auch in Käfigen halten und brüten dort ebenso, wenn man ihnen kleine Körbchen und flache Kästen als Nisthilfen anbietet. Gewöhnlich leben sie in einer Voliere mit Schutzhaus. Die Voliere sollte gut besonnt sein. Die Tauben brüten leicht und willig. Sie bebrüten 14 Tage das Gelege. Mit 17 oder 18 Tagen sind die Jungtauben flügge. Nestkontrollen werden nicht übelgenommen. Die Jungen werden noch etwa vier Wochen von den Alten gefüttert.

Die Lachtauben fressen kleine Samen und Körner wie Weizen, Hirse, ein wenig Hanf, Spitzsaat und kleine Wicken. Zur Jungtieraufzucht sind eingeweichte Milchbrötchen und anderes Weichfutter hilfreich.

Als Ammen sind Lachtauben sehr gefragt. Wenn sie allerdings ein bestimmtes Weichfutter und tierisches Zusatzfutter verfüttern sollen, müssen sie zuvor daran gewöhnt werden. Nicht alle Paare machen da mit.

Bartletts Dolchstichtaube hat ihren Namen von dem roten Brustfleck.

Vermutlich stammen die Hauslachtauben von der *Afrikanischen Lachtaube* (Streptopelia roseogrisea) ab. Sie sind daher frostfrei zu überwintern.

Dolchstichtauben (Gallicolumba luzonica) sind typische Erdtauben und leben als scheue Waldvögel am Urwaldboden, wo sie nach Samen und Kerbtieren suchen und hier auch ihr Nest bauen. Hierin finden sich dann die beiden weißen Eier. Jungtauben verlassen alsbald das Nest, laufen am Boden herum und können dann schon fliegen. Die Taube lebt auf den Philippinen.

Dolchstichtauben werden häufig in Gehegen gehalten, wollen gut bepflanzte Volieren und eine Möglichkeit, in der Sonne baden zu können. Man bringt also Waldboden ins Gehege, der trockenes Laub und Nadeln enthält. Diese Tauben schlafen auf Ästen, fliegen aber bei vermeintlicher Gefahr auf und können sich dann verletzen, sodass für Ruhe an den Volieren zu sorgen ist und keine Raubsäuger vorbeischleichen dürfen. Übernachten lässt man die Tauben im Schutzhaus. Als Nistunterlagen reicht man Kistchen und Körbchen in entsprechender Größe und bringt diese im dichten Geäst oder an den Wänden in 1 m Höhe an. Als Nistmaterial dienen Stängel, Halme, kleine Zweige mit Laubwerk und anderes. Weil die Tauben unsicher brüten, sollten stets Lachtaubenammen einspringen können. Da auch Schachtelbruten ausgeführt werden, sind sogar noch unselbstständige Jungtauben gefährdet. Bei solchen Bruten beginnen die Zuchttauben bereits ein neues Gelege, bevor die ersten Jungen flügge oder halbwegs selbstständig sind.

Als Aufzuchtfutter gibt man Weichfutter mit Quark, Ei und viel klein gehacktem Grünzeug. Alles wird mit animalischen Stoffen versehen. Auch etwas Drosselfutter kann beigefügt werden. Körner werden noch nicht verdaut. Erwachsene Tauben fressen ein Futter mit viel tierischen Stoffen, dann ölhaltige Samen, kleinen Mais, Milokorn, Silberhirse, etwas Hanf, allerhand Beeren, Obst und Ameisenpuppen, Käferlarven, kleine Raupen von Wachsmotten und kleine Schnecken.

Die Tauben werden warm überwintert, wobei die Temperatur mindestens +12 °C betragen sollte. Während der Balzzeit muss die Täubin gute Versteckmöglichkeiten haben. Meistens kann man Dolchstichtauben mit anderen Kleintauben zusammen in der Unterkunft halten.

Die Dolchstichtaube hat etwa die Größe einer Stadttaube und besitzt einen aschgrauen Oberkopf und eine ebensolche Stirn mit weißlicher Aufhellung zum Schnabel hin. Der hintere Kopf mit dem Nacken, die seitliche Brust, der Mantel und der Rücken sind dunkler grau, zeigen aber Purpur- und Grünglanz. Über die grauen Flügeldecken verlaufen zwei dunkle Querbinden. Hand- und Armschwingen sind braun. Die Schwanzfedern sind wieder grau, haben aber knapp vor ihrem Ende ein schwarzes Band. Obere Brust und Kehlregion sind weiß, die Seiten und die Brust grünlich.

An der oberen Brust befindet sich ein blutroter Fleck mit Rändern, der den Eindruck einer Stichwunde entstehen lässt. Die untere Brust ist mit dem Bauch von mehr schmutziger Färbung in einem Ton, der mit bräunlich-gelb bis rötlich beschrieben werden kann. Die Unterschwanzdecken sind rostig gelb. Der Schnabel ist am Ansatz bleifarben und läuft dunkler aus. Die Iris ist rotbraun und wird von dunklen Augenringen eingefasst. Täubinnen zeigen eine etwas dunklere Stirn und haben keinen so großen und kräftig gefärbten Brustfleck.

Kaptäubchen (Oena capensis) leben südlich der Sahara in Afrika und mit einer Unterart auf Madagaskar. Die nicht scheuen Tauben gehen auch ins Kulturland, sind sonst in den Buschsteppen, Wäldern und Gärten oder an Wegen zu finden. Die Samennahrung wird nur am Boden gesucht. Die Nester stehen niedrig im Gebüsch. Beide Partner bebrüten das Gelege 14 Tage. Nach nur 12 bis 13 Tagen fliegen die Jungtauben aus. Es wird ganzjährig gebrütet.

Kaptäubchen sind zutraulich und ruhig in einem Gehege und daher als Ziertäubchen sehr beliebt. Sie sind sehr verträglich und können deshalb mit anderen Vögeln, aber nicht mit anderen Kleintaubenarten, zusammen gehalten werden. Sie werden bei Temperaturen über 15 °C überwintert und benötigen also ein festes Schutzhäuschen. Nasse Kälte vertragen sie nicht. Wichtig ist ihnen das Sonnenbaden. Die Vögel brüten auf Nisthilfen aus Draht sowie in kleinen Kästchen, die man in Astgabeln befestigt. Bei Schachtelbruten helfen Diamanttauben als Ammen. Bruten gelingen bei Temperaturen über 23 °C. Als Futter dienen Hirse, Glanz, Mohn, Salatsamen, Grünzeug, andere kleine Sämereien und auch Waldvogelfutter.

Kaptäubchen sind in den Geschlechtern unterschiedlich gefärbt. Der Täuber ist im Gesicht, an Kehle und Brust schwarz. Das sonstige Haupt und die Halsseiten sind blaugrau angehaucht. Der Nacken und der hintere Hals, der Rücken und die inneren Flügeldecken sind fahlbraun. Der Bürzel ist graubraun und hat eine weiße Querbinde, die zwei schwarze Bänder säumen. Die Oberschwanzdecken sind graubraun und besitzen schwarze Spitzen, sodass ein schwärzliches Band am Schwanzansatz gebildet wird. Die äußeren Steuerfedern sind blaugrau und zeigen eine schwarze Binde vor ihrem Ende. Die mittleren Steuerfedern sind mehr braungrau und haben schwarze Enden. Die äußersten Steuerfedern rechts und links haben weiße Außensäume. Die Unterseite der Täuber ist weiß, die mittleren Unterschwanzdecken sind hingegen schwarz. Die Flügeldecken zeigen ein Hellgrau. Auf den Flügeldecken und den Armschwingen sind zwei Flecke mit Metall-

Kaptäubchen

glanz. Die Handschwingen sind braun mit dunkleren Enden. Der Schnabel ist orangerot und läuft mit gelber Spitze aus. Die Iris ist braun und wird von grauen Ringen eingefasst. Die Füße sind rot. Täubinnen zeigen nicht die schwarze Maske. Sie sind am vorderen Haupt und an der vorderen Brust von graubrauner Farbe, während Kehle und Stirn aufgehellt erscheinen. Die Flügeldecken zeigen mehr eine bräunliche Färbung. Der Schnabel ist dunkelbraun.

Das australische *Diamanttäubchen* (Geopelia cuneata) bewohnt Wald- und Buschländer in Wassernähe. Die Tauben suchen hier am Boden nach Grassamen, schlafen aber auf Zweigen von Bäumen und kleinen Gehölzen. Das Nest steht niedrig im Gebüsch. Die beiden weißen Eier werden 12 bis 13 Tage lang bebrütet, die Jungtauben verbleiben 11 bis 12 Tage im Nest. Man findet im 5. Kontinent die Täubchen in praller Mittagssonne am Boden auf Nahrungssuche, wo sie paarweise oder in kleinen Gruppen unterwegs sind.

Diamanttäubchen brüten auch bei Käfighaltung. In großen Gehegen können mehrere Paare von ihnen gehalten werden, in Kleinvolieren nur ein Paar. Man kann die Vögel mit anderen kleinen Tauben und mit Kleinvögeln zusammen halten. Die Tauben müssen nachts im Schutzraum schlafen und auch warm überwintert werden.

Bronzeflügeltaube

Als Nistgelegenheiten nehmen sie Kistchen, Drahtunterlagen, Harzer Bauer und Körbchen an. Fasern, Gras, kleine Zweige und Moos dienen als Nistmaterial. Kleine Keimsamen, Mohn, sehr kleine Hirsesorten, Glanz, Biskuit und Ameisenpuppen dienen als Aufzuchtfutter. Später können dann verschiedene Hirsesorten, Waldvogelfutter, Mohn, Nachtkerzensamen, Salatsamen, Glanz und Grünfutter gereicht werden.

Diamanttäubchen sind etwa lerchengroß und besitzen einen langen Schwanz. Am Haupt, an Hals und Brust sind die Vögel blaugrau, während das Mantelgefieder, der Rücken und die Flügeldecken mehr in einen braungrauen Ton übergehen. Schultern und Flügeldecken weisen kleine runde Flecken wie Punkte auf. Die mittleren vier Steuerfedern sind graubraun mit dunklem Ende, die anderen am Ansatz weißlich. Bauch und Unterschwanzdecken sind hell. Der Schnabel ist dunkelbraun, die Iris orangerot. Sie wird von einem roten, nackten Augenring eingefasst. Die Füße sind rostfarbig. Die Geschlechter sind gleich gefärbt.

Die *Bronzeflügeltaube* (Phaps chalcoptera) ist eine australische Taube von Haustaubengröße. Die Vögel kommen in trockenen Wäldern und im offenen, mit Buschwerk durchsetzten Gelände vor. Die Tauben leben vorwiegend am Boden, wo sie Samen suchen, gerne Weizen aufnehmen und auch Akaziensamen fressen. Ebenso werden Beeren und kleine Früchte verzehrt. Nach Sonnenaufgang werden am Morgen die Wasserstellen angeflogen. Das Nest steht ziemlich hoch auf Bäumen und Sträuchern, auch in Baumhöhlen oder sogar am Boden. Das Gelege hat zwei Eier und wird 14 bis 16 Tage lang bebrütet. Die

Jungen liegen 17 bis 20 Tage im Nest. Die Eltern hudern lange. Wichtig sind Mineralstoff- und Vitamingaben.

Bronzeflügeltauben müssen geräumige Volieren mit Waldboden bekommen. Auch Grasbülten sind einzubringen. Die Tauben nehmen gerne waagrechte Äste in den Gehegen an, im Schutzraum auch Laufbretter. Da sie winterhart sind, benötigen sie einen trockenen und zugfreien Schutzraum, der nicht unbedingt beheizt werden muss.

Am Nest wollen die Tauben Ruhe. Sie nehmen als Nisthilfen Holzkästchen, Körbe und Nistschalen an, in die sie Birkenzweige, Wurzeln und Heu eintragen. Kontrollen lassen sie zu, zeigen aber Abwehrhaltungen. Die Jungen werden einigermaßen problemlos aufgezogen. Man gibt zusätzlich klein gehacktes Grünfutter. Sonst fressen die Tauben Weizen, Hirsesorten, Glanz, gebrochenen Mais, ein wenig Hanf, Milokorn, Sonnenblumenkerne und Waldvogelfutter. Darüber hinaus wollen sie Grünfutter haben und fressen auch Beeren. Für die Aufzucht nehmen sie auch Weichfutter an, das man mit Ei versieht. Keimfutter wird gern gefressen. Die Tauben werden zutraulich und können überdies recht alt werden.

Die Stirn der Tauben ist rostig braun. Oberkopf und Nacken sind braun. Oberhalb der Stirn wird ein purpurnes Band gezeigt, das quer über das Haupt zu den Augen läuft, dazu ein dunkles Band vom Schnabelansatz zum Auge und zum hinteren Kopf. Unterhalb davon verläuft wieder ein weißer Streifen bis hinter den Ohrfleck. Die Wangen und die Halsseiten sind blaugrau. Die Kehle ist weiß. Mantel und Rücken sind braun mit blassgelblichen Säumen, die ein gesprenkeltes Muster ergeben. Die äußeren Flügeldecken sind blaugrau mit Schillerflecken in Bronzegrün bis Kupferrot. Liegen die Schwingen geschlossen, so sind die Flecken in Querreihen zu sehen. Handschwingen und mittlere Schwanzfedern sind dunkelbraun, äußere Steuerfedern blaugrau mit einem dunkelbraunen Band vor dem Ende. Die Unterschwanzdecken sind rotschwarz, die Beine rot. Täubinnen haben eine mehr gräuliche Stirnregion und weniger Glanz am Oberkopf. Die Flügeldecken sind glänzend grün.

Kupfernackentaube

Die *Kupfernackentaube* (Geopelia humeralis) lebt im nördlichen, nordwestlichen und östlichen Australien sowie auf vorgelagerten Inseln und in einer Unterart im südlichen Neuguinea. Hier wohnen die Tauben in Wassernähe in lichten Wäldern, suchen auf dem Boden nach Samen und nehmen vermutlich auch von Gehölzen ihre Nahrung auf. Die Nester stehen niedrig auf Bäumen. Die beiden Eier werden 14 bis 16 Tage lang bebrütet, die Jungtauben liegen 21 Tage im Nest.

Fütterung und Haltung sind wie beim Diamanttäubchen, nur sind manche Paare zur Brutzeit eben doch angriffslustig gegenüber Mitbewohnern. Bei Nestkontrollen ist die Taube nicht empfindlich.

Die Taube ist kleiner als eine Lachtaube, besitzt kürzere Schwingen und einen längeren Schwanz. Kopf, Halsseiten und Brust sind blaugrau. Der Mantel mit Rücken und Flügeldecken ist braungrau, wobei die Flügeldecken einen rosa Schimmer

Grünflügeltaube

zeigen. Die Federn besitzen dunkle Säume, sodass die Tauben wie mit einer Schuppung versehen sind. Der Bauch ist braunweiß; die Flanken und die untere Brust sind mit einem rosa Hauch überzogen. Die Steuerfedern sind rotbraun und besitzen weiße Enden, wovon die mittleren graubraunen Federn ausgenommen sind. Der Schnabel ist hellblau. Die grüngelbe Iris wird von einem blaugrünen Ring eingefasst. Die Beine sind rötlich.

Die *Grünflügel- oder Glanzkäfertaube* (Chalcophaps indica) bewohnt mit Unterarten Südostasien. Hier hausen die Vögel in Wäldern und suchen die Nahrung am Boden. Diese besteht aus Sämereien, Reis, Weizen und kleinen Früchten, Beeren und Termiten. Hierbei kommen die Vögel auch zu den Siedlungen.

Die Taube ist gut zur Haltung in der Voliere geeignet, benötigt aber einigen Platz, wobei sie dann aber gut brütet. Wichtig ist ein heller und beheizbarer Schutzraum. Bei Temperaturen über null °C kann sie bei gutem Wetter auch wintertags ins Gehege. Nisthilfen bringt man hoch an, nach Möglichkeit wegen des bei uns stets wechselnden Wetters im Innenraum, wo die Vögel zuverlässig brüten. Aber es kommt auch hier zu Schachtelbruten, sodass man gerne Lachtaubenammen einsetzt. Wichtig sind Vitamin- und Mineralstoffgaben. Jungtauben verklammen leicht auf dem Boden und müssen zurück ins wärmende Nest gesetzt werden. Die Tauben sind friedlich, aber zur Brutzeit werden die Täuber aggressiv, sodass man andere Tauben wegsetzen muss.

Die Tauben zeigen Lachtaubengröße, sind aber kürzer in den Steuerfedern und kompakter im Bau. Die Stirn des Täubers mit dem Augenbrauenstreif ist weiß. Der obere Kopf und der Nacken sind graublau. Die Kopfseiten und der Hals sind rot, der obere Rücken ist graubraun. Rücken und Flügel sind smaragdgrün mit Kupfer- und Bronzeglanz, der Unterrücken ist dunkelgrau. Er besitzt zwei hellgraue Querbänder. Der Bürzel ist grau. An den Schultern befindet sich ein weißer Fleck. Der Bauch und die Flanken sind rotgrau, die Brust ist dunkelrotbraun. Die Handschwingen sind schwärzlich. Die mittleren Schwanzfedern sind schwarzbraun, die äußeren hellgrau. Die Unterschwanzdecken sind grau. Der Schnabel ist rot, die Iris dunkelbraun. Sie wird von roten Augenringen eingefasst. Die Füße sind rot. Die Täubin ist mehr kastanienbraun dort, wo der Täuber rotbraun gezeichnet ist. Sie zeigt nicht das Schulterweiß. Der Augenbrauenstreif ist nicht so deutlich. Der hellgraue Schiller am Nacken und am hinteren Halsteil fehlt.

Die *Wongataube* (Leucosarcia melanoleuca) ist eine Taube von der Größe einer Ringeltaube. Sie bewohnt Australien und hält sich häufig auf dem Boden des Regenwaldes auf, wo sie Samen, Beeren, Früchte und besonders Akaziensamen sucht, aber auch Mollusken (Weichtiere) und Insekten aufnimmt. Das Nest steht niedrig bis hoch in den Bäumen. Die beiden Eier werden 19 Tage lang bebrütet, die Jungtauben bleiben 21 Tage im Nest. Die Tauben hält man in geräumigen Gehegen, in die man Büsche und Astwerk einbringt. Neben einem Körnergemisch bekommen die Tauben Beeren und Obst, gelegentlich gekochtes Ei und klein geschnittenen Hartkäse. Bringt man als Nisthilfen Kästen, Nistschalen oder Körbchen hoch im Geäst der Voliere ein, brüten die Tauben willig. Feine Birkenzweige, Würzelchen, Halme und Stängel dienen als Nistmaterial. Natürlich müssen die Tauben frostfrei überwintert werden.

Die Tauben sind an der Stirn, im Gesicht und an der Kehle weiß. Der Oberkopf ist hellgrau. Die Oberseite mit den Flügeln ist schiefergrau. Die Handschwingen sind dunkler und schmal. Die äußeren Steuerfedern besitzen weiße Spitzen. Die Brust ist schiefergrau mit weißen und seitlichen Bändern in V-Form, die bis zu den Halsseiten reichen. Flanken und Bauch sind weiß, wobei die Flanken mit schwarzen Flecken verziert sind. Der Schnabel ist rot mit dunkler Spitze. Die dunkelbraune Iris wird

Wongataube

Schopfwachteltaube

von rosaroten Ringen umsäumt. Die Beine sind rot. Im Unterschied zu den gleich gefärbten Täubinnen besitzen die Täuber eine rein weiße Stirn. Die Unterschwanzdecken sind bei Täubern mehr silbrig, bei den Täubinnen ockergelb.

Die *Schopfwachteltaube* (Geophaps plumifera) kommt in verschiedenen Formen in Australien vor. Sie ist ein Bodenvogel und fliegt niemals auf Bäume. Hier leben die Vögel im heißen, steinigen Gelände in der Nähe von Wasserstellen zwischen niedrigen Gebüschen und den Spinifex-Gräsern. Wenn die Tauben aufgescheucht werden, fliegen sie mit einem schwirrenden Geräusch schnell ab. Das Nest ist eine kleine Bodenmulde zwischen der spärlichen Vegetation und beinhaltet kaum Nistmaterial. Die Tauben brüten in losen Kolonien, sind aber trotzdem angriffslustig gegeneinander. Die Vögel fressen Sämereien und brüten 17 Tage.

Bei der Liebhaberhaltung geht die Brut nicht immer problemlos vor sich. Die Jungtauben verlassen bereits mit zehn Tagen das Nest, sind aber noch nicht flugfähig. Daher gibt man das Nest möglichst tief auf den

Boden. Häufig werden die Schopfwachteltauben von Lachtaubenammen erbrütet.

Die Vögel benötigen trockene und sonnige Volieren mit Grassoden und Steinhaufen. Sie müssen stets den Schutzraum aufsuchen können. Dieser muss gleichfalls trocken und beheizbar sein. Am günstigsten ist eine Sandschicht mit Steinhaufen. Schopfwachteltauben sind aggressiv gegenüber anderen Mitbewohnern. Die Täuber verfolgen auch die eigene Täubin. Vorsicht ist also stets geboten!

Es handelt sich bei diesen Tauben um kleine Vögel mit einem aufrechten Federschopf, deren Federn braungelb gefärbt sind, rostroten Schiller zeigen sowie schwarze und gräuliche Streifen aufweisen. Die Zügel und die Augenumgebung sind nackt, die Kehle weiß. Unterhalb der Kehle verläuft ein schwarzer Streifen. Die Handschwingen sind braun mit dunklen Spitzen. Auf den drei inneren Armschwingen befindet sich ein metallgrüner Fleck. Die Steuerfedern sind braun mit schwarzen Enden. Die Brust und der Bauch sind mittelbraun. Quer über die Brust läuft ein graues, unten schwarzes Band. Die Bauchmitte ist weiß, die Unterschwanzdecken sind graubraun. Der Schnabel ist dunkel, die Iris orange. Die Füße sind dunkel. Täubinnen sind kleiner und feiner im Haupt. Der Schopf ist kürzer und das Rot im Gesicht blasser.

Das *Inkatäubchen* (Scardafella inca) kommt vom mittleren Texas und Neumexiko bis weiter südlich nach Mittelamerika vor und haust hier im mehr offenen Gelände, das von Bäumen und Büschen bestanden ist. Es geht auch ins Kulturland, ist in Anlagen und Gärten zu finden. Die Tauben suchen am Boden nach Samen. Die Vögel lieben Sonnenbäder und schlafen häufig auf immergrünen Gehölzen und Bäumen. Sie sind paarweise zu sehen und verraten sich im Flug durch ein surrendes Geräusch, das durch die ausgerandeten Handschwingen zustande kommt. Das Nest steht mehr niedrig im Gestrüpp oder in Bäumen. Oft werden auch verlassene Nester anderer Vögel als Nistplatz angenommen. Die Tauben brüten 14 Tage, die Jungen verlassen nach 16 Tagen ihre Kinderstube.

Inkatäubchen sind ansprechende Gehegebewohner, die leicht zur Brut kommen. Nisthilfen können kleine Kanarienkörbchen und Kästchen sein. Gefüttert werden Hirsesorten, Mohn, Waldvogelfutter und klein gehacktes Grünfutter. Wichtig ist die Gelegenheit zum Sonnenbaden. Gegenüber Mitbewohnern einer Voliere sind die Täubchen friedlich. Sie müssen allerdings warm überwintert werden.

Inkatäubchen sind ein wenig größer als Diamanttäubchen. Sie besitzen eine gräuliche Stirn. Kopf und Hals sind bräunlich und rosa. Die Oberseite ist mehr graubraun, die größeren Flügeldecken sind hellgrau. Die Brust ist wie rosa überhaucht. Zum Bauch hellt die Farbe in einen weißgelben Ton auf. Die Unterschwanzdecken sind weiß. Die Federn haben mit Ausnahme des Stirn- und Brustgefieders dunkle Säume, sodass eine Art von Sperberung entsteht. Handschwingen und äußere Armschwingen zeigen einen graubraunen, dunklen

Inkatäubchen

Sperlingstäubchen

Ton. Die mittleren Schwanzfedern sind graubräunlich, die anderen schwarz mit weißlichen Enden. Der Schnabel ist dunkel, die Iris orangerot. Die Füße sind fleischfarbig. Täubinnen zeigen weniger Rosaton an der Brust.

Sperlingstäubchen (Columbina passerina) haben ein weites Verbreitungsgebiet, das von Südkarolina in den mehr südlichen USA über Mittelamerika bis ins nördliche Südamerika reicht. Die gut sperlingsgroßen Wildtäubchen bewohnen offenes Gelände mit Gehölzen und Bäumen, kommen in Anlagen und Gärten vor. Hier suchen sie am Boden nach Sämereien und Insekten. Die Nester stehen zwischen Grasbüscheln am Boden oder im niedrigen Gesträuch. Es kommt auch vor, dass Nester anderer Vogelarten oder das eigene Nest wieder benutzt werden. Das Gelege wird 13 bis 14 Tage lang bebrütet. Die Jungtauben verbringen hierin 11 Tage.

Sperlingstäubchen wollen ein Gehege, das geräumig, aber gut mit Buschwerk ausgestattet ist. Sie sind friedlich und können daher mit anderen Täubchen und Vögeln zusammen gehalten werden. Als Nisthilfen bietet der Züchter Holzkistchen und Kanarienkörbchen an. Zum Nestbau werden kleines Reisig, Kokosfasern und Grashalme angeboten, woraus ein recht großes Nest errichtet wird. Die Täubchen vertragen keine Störungen und Kontrollen am Nest. Als Futter dienen Samen und Insekten. Die Sperlingstäubchen brauchen Wärme und müssen auch warm überwintert werden.

Sperlingstäubchen sind nur wenig größer als ein Spatz und wirken gedrungener. Sie bilden in ihrem großen Verbreitungsgebiet viele Unterarten aus. Kopf, Hals und Brust sind von einem rotstichigen Blau mit Rosa überhaucht. An der Brust und an den Halsseiten ist das Gefieder mit schwarzen Punkten besetzt. Der obere Kopf und der hintere Hals sind mehr blaugrau, während die Oberseite grau bis braungrau ist. Die Flügeldecken zieren rosa und dunkle Flecken mit Schimmer. Die Handschwingen sind kastanienbraun und haben dunkle Spitzen. Die mittleren Schwanzfedern sind graubraun, die anderen haben dunkle Enden. Die äußersten Steuerfedern zeigen eine weiße Spitze. Der Bauch ist aufgehellt. Die Unterschwanzdecken sind graubraun und zeigen aufgehellte Enden. Der Schnabel ist am Ansatz rötlich gelb bis gelblich und besitzt eine dunkle Spitze. Die Füße sind fleischfarbig bis rosa. Täubinnen sind mattfarbiger und in jenen Federbezirken von hellerem Braun, wo die Täuber den rosa Anflug zeigen. Auch die Flügeldecken sind mehr im Braunton gehalten.

Vorstehend ist nur ein sehr kleiner Querschnitt aus der umfangreichen Palette der Ziertauben dargestellt. Eine Übersicht ist im Anhang bei der Ziergeflügelliste nach BDRG unter Z2 dargestellt.

Haltung und Zucht

Für das Errichten massiver Bauwerke müssen – wie üblich – die baurechtlichen Bestimmungen eingehalten werden. Für die meisten Wildtaubenarten muss ein kleines *Schutzhaus* gebaut werden, dem sich ein

Ziertäubchen im Gehege

Gehege anschließt. Die Tiere können sich bei widriger Witterung zu allen Jahreszeiten im Schutzhaus bergen, hier des Nachts schlafen, brüten und dort auch gefüttert und getränkt werden. Ferner kann das Schutzhaus für empfindliche Arten gewärmt und beheizt werden. Der Boden kann mit wasserabweisenden Spanplatten belegt und dadurch gut gesäubert werden.

Die Räumlichkeiten sollen möglichst groß und hell sein und mindestens 2 m tief. Ausflugöffnungen in die Gehege sind verschließbar zu gestalten. Für Bodentauben und sehr junge Täubchen sind Ein- und Ausgänge in Bodennähe wichtig. Der Stall kann einzelne Abteile haben, vor allem sind Vorraum und Futtergang, aber auch Schleusen wichtig, damit keine Vögel entfliegen können. Wichtig ist der Schutz vor Beutegreifern und Nagern. Letztere sind Futterverwüster und übertragen beim Fressen von Futter auch krank machende Keime, indem sie ihren Urin ins Futter abgeben. Demzufolge sind alle Futtervorräte nagersicher aufzubewahren. Bruten im Schutzhaus sind vor Kälte, einschlagendem Regen und Schnee geschützt.

Volieren sollten für kleine Arten 2 m in der Länge und 80 cm in der Breite aufweisen. Die Höhe kann immer um 2 m betragen. Mittelgroße Arten können Volieren von 3 m Länge und 2 m Breite beziehen. Für große Arten können die Gehege 5 m lang sein. Volieren stellt man am besten im Garten auf, wobei das Schutzhaus nördlich liegt, die Ausflüge ins Gehege also gen Süden liegen. Blütengehölze, Ranker und Blumeneinfassungen verschönern alles.

Wichtige Faktoren bei der Unterbringung sind Licht, Trockenheit im Schutzraum und Luftfeuchtigkeit. Letztere sollte zwischen 60 und 70 % ausmachen.

Das Licht nimmt Einfluss auf die Brutstimmung der Tauben, wobei viele Arten aus der südlichen Hemisphäre stammen und aus tropischen Regionen mit 12 Stunden Tageslicht und 12 Stunden Nacht kommen. Das Licht wirkt sich auf den Stoffwechsel, das Jungtierwachstum und die Vitamin-D-Bildung aus. Zu hohe oder zu niedrige Temperaturen bedeuten für die Vögel erhebliche Belastungen. Vögel benötigen mehr Sauerstoff als Säuger. Insofern müssen Schlagräume und Volieren entsprechend eingerichtet sein, um Sonnenbaden, viel Sauerstoffeinfall, richtige Temperatur und die Luftfeuchtigkeit beim Schlupf zu beeinflussen, wobei zu niedrige Luftfeuchte das Steckenbleiben im Ei begünstigt.

Volieren sollten aus dauerhaften Materialien erbaut werden. Man richtet sie mit einem Betonboden ein, der schräg gehalten ist.

Als Gerüst nimmt man Metallteile. Als Maschendraht dienen engmaschige, dunkel ummantelte Geflechte, die später das Auge nicht stören.

Kopfverletzungen beim schreckhaften Auffliegen der Wildtauben kann insofern vorgebeugt werden, indem man an der Oberseite innen unter der Drahtbespannung an der Voliere lose gespannte Netze anbringt.

Fällt viel Wildvogelkot ein, wird die Voliere mit durchsichtigem Material ganz überdacht.

Bodentauben benötigen größere Grundflächen. Man sollte nach Möglichkeit die Tauben im Schutzhäuschen schlafen und brüten lassen.

Da viel Flugraum frei bleiben sollte, können in der Volierenmitte Kübelpflanzen aufgestellt werden, wo man solchen Tauben, die unbedingt im Freien brüten wollen, verschiedene Nistunterlagen schafft.

Naturböden aller Art, Grasstücke usw. können eingelegt werden. Sie werden nach geraumer Zeit entfernt, und alles kann gesäubert und desinfiziert werden. Dann wird alles wieder neu belegt. Auf diese Weise vermeidet man die völlige und rasche Verseuchung der Böden. Denn grundsätzlich ist zu bedenken, dass Wildtauben gegenüber allen Krankheiten anfälliger als Haustaubenrassen sind.

Im Schutzraum sollte in geeigneten Gefäßen ausreichend und täglich frisch das *Trinkwasser* gereicht werden. Wintertags ist mit Heizplatten und Tränkenheizern das Wasser vorzuwärmen. Die Gefäße sind täglich gut von innen und außen zu säubern. Danach wird frisch aufgefüllt.

Die *Sitzstangen* für das Schutzhäuschen wie für die Gehege bringt man in unterschiedlichen Höhen so an, dass keine Futter- und Wassergefäße verschmutzt werden. Dazu nimmt man berindete Laubholzzweige. Zu beachten ist hierbei, dass der Astdurchmesser den Taubengrößen anzupassen ist.

Ausreichend dicke Äste bewirken das Abnutzen der Zehennägel. Außerdem werden die Zehen bei Kälte von den Tauben völlig bedeckt und frieren nicht an.

Futter und Beifutter werden in geeigneten Gefäßen gereicht. Weichfutter gibt man morgens in schweren Steingutgefäßen, die glasiert sind und einen nach innen gebogenen Rand haben. Die einzelnen Wildtaubenarten fressen unterschiedliche Futtersorten. Für die meisten Arten ist das Grundfutter eine Körnermischung. Hierzu zählen Sämereien, Getreidekörner und Baumsamen. Die einzelnen Kornarten wechseln aber mit der Jahreszeit und ihren Ansprüchen an Zucht- oder Ruhephasen. Auch Mischfutter für kleinschnäblige Haustaubenrassen können gereicht werden. Solche Körnermischungen können gebrochene Gerste, kleine Weizensorten, Haferkerne, Rübsen, Raps, Perlmais, Wicken, Ackerbohnen, Hanf, Kanariensaat, Negersaat, Dari, Milokorn, Paddyreis, Kardisaat, Hirse, Sonnenblumenkerne, Leinsamen und andere enthalten.

Viele Körner verzehrende Arten und vor allem die Fruchttauben fressen allerhand Beeren und Früchte. Das können Brombeeren und Himbeeren, Süßkirschen, Bananen, Feigen, Stachel- und Jostabeeren, Blaubeeren, Datteln, Johannisbeeren, Pfirsiche, Kiwi, Erdbeeren, Pflaumen, Äpfel, Weintrauben, Birnen und andere sein. Aber auch Wacholderbeeren, Hagebutten, Beeren vom Feuerdorn, Vogelbeeren von der Eberesche, Schlehen, Beeren von Weißdorn und Holunder werden verzehrt.

An Baumsamen kommen solche von Fichte, Kiefer, Birke, Tanne, Lärche und Erle infrage wie auch Zirbelnüsse, Eicheln und Bucheckern. An Gemüse kann eine große Anzahl an Blattgemüsesorten gereicht werden, nicht zuletzt von den Winterkohlarten.

Als Grünfutter steht die ganze Palette des üblichen Grünfutters für Vögel zur

Verfügung, wobei natürlich auch an halbreife Samenstände gedacht werden muss.

Bei den *Weichfuttersorten* gibt man gekochten Reis und Mais, dann die üblichen Fertigweichfuttersorten, klein geschnittenes Obst sowie Gemüse und Weichfressermischungen in die Näpfe, wobei man bei Wärme dieses Futter nicht lange vorsetzen darf, weil es ansäuert.

Insektenfuttergemische für Erdtauben gibt es im Fachhandel. Man kann auch Weichfutter mit tierischen Erzeugnissen anreichern, so mit Quark, trockenen Käsesorten, Ei, Schabefleisch und Rinderherz. Weiter kann man Mehlkäferlarven, Wachsmotten, Ameisenpuppen, Grillen, Heuschrecken, Larven vom Getreideschimmelkäfer und andere animalische Futtersorten reichen.

Vitamingaben gibt man im Winter wöchentlich übers Trinkwasser. Man verwendet am besten Multivitaminpräparate. Wichtig ist die beständige Kalkstoffzufuhr. Mit den handelsüblichen *Mineralstoffgemischen*, die man häufiger wechselt, kommt der Wildtaubenliebhaber gut zurecht. Ferner sind scharfer Sand, kleinste Steinchen, Rotstein, Grit und Lehmerden kleine Beigaben zur ständigen Aufnahme.

Taubenkobel für Ziertäubchen

Besonders Körner fressende Arten benötigen viel Trinkwasser.

Futter- und Trinkgefäße sind sauber zu halten. Trinkwasser wird täglich gewechselt, die Tränken werden dabei stets gründlich gereinigt. Wenn eine erkrankte Taube aus dem Trinkgefäß Wasser schöpft, können auch andere Vögel angesteckt werden.

Tauben sollte man an beständige *Futterzeiten* gewöhnen.

Weichfutter gibt man meist morgens. Die Futternäpfe sind aus schwerem Steingut mit nach innen gewölbtem Rand und Glasierung. Sie werden so aufgestellt, dass sie nicht eingeregnet werden. Es ist immer günstig, im Schutzhaus zu füttern. Wird Futter für bestimmte Taubenarten auf den Boden der Voliere gestreut, so ist zu bedenken, dass die Tiere das Futter mit ihren Ausscheidungen verschmutzen, es dann doch aufnehmen und später erkranken können.

Taubenschlag und Volieren sollten möglichst täglich dort *gereinigt* werden, wo Kot abgesetzt wird. Gegen *Ektoparasiten* kann vorbeugend eingestäubt werden. Bei Handproben kann man die Befallsstärke bei den Tauben feststellen und bei Bedarf die Vögel behandeln, wobei kein Insektizid auf Schleimhäute und in die Augen gelangen sollte.

Gelegentliche Kotproben, die an den Tierarzt oder Institute gesandt werden, geben Aufschluss über *Innenparasiten*. Notfalls können dann die Behandlungen erfolgen. Alle Anlagen und Gerätschaften werden von Zeit zu Zeit gründlich gereinigt und desinfiziert.

Bei der *Überwinterung* gibt es eine Reihe von völlig winterharten Arten, die nur ein Kalthaus für den Witterungsschutz benötigen. Dann gibt es Wildtäubchen, die mindestens 10 °C brauchen, und solche, die bei mindestens 18 °C überwintert werden müssen. Die Heizkörper sollen mit einer Drahtummantelung umgeben sein. Man kann auch etliche Arten *vergesellschaften* und diese – nach Geschlechtern getrennt – gemeinsam im Abteil eines Schutzhauses überwintern. Man muss nur rechtzeitig am Winterende alle Vögel wieder trennen, weil sie früh in Brutstimmung kommen. Dann müssen die bewährten Paare wieder zusammengeführt werden.

Manche Arten können nur paarweise gehalten werden. Bei anderen Wildtaubenarten ist es so, dass diese mit gleich großen fremden Wildtaubenarten zusammen gehalten werden können. Wenn man Wildtauben mit Kleinvögeln zusammen halten kann, dann nimmt man solche Kleinvogelarten, die sehr ähnliche Haltungs- und Futteransprüche haben. Manche Wildtaubenarten können niemals mit fremden Taubenarten zusammengesetzt werden. Einige Wildtaubenarten kann man mit ihresgleichen zusammen halten, so etwa Inka- und Sperlingstäubchen. Unverträglich sind die Schopftaube (Ocyphaps lophotes) oder Fruchttauben der Gattung Treron. Das Zusammenhalten mit Wachteln sollte unterlassen werden, weil es früher oder später zu schlimmen „Überraschungen“ kommen kann. Bodenbewohnende Erdtauben sollte man niemals mit Fasanen zusammen halten.

Einige Wildtaubenarten sind Höhlenbrüter, andere bauen die *Nester* hoch in den Bäumen oder niedrig im Buschwerk oder gar auf dem Boden. Man kann den Vögeln, ihrer Größe gemäß, verschiedenartige Nisthilfen bieten. Kleine Arten benötigen zum Nestbau Kokosfasern, Grashalme, feinste Birkenzweige oder Heuhalme von 5 bis 10 cm Länge. Mittlere und große Wildtaubenarten wollen Heidekrautstängel, grobes Wiesenheu, etwas stärkere Birkenzweige, grüne oder trockene Blätter und Zweige. Diese pflücken sie sich selbst ab.

Die Unzuverlässigkeit mancher Wildtaubenarten beim Brüten und ihre Störanfälligkeit dabei macht oft die *Ammenaufzucht* erforderlich. Hierbei müssen beide Paare in etwa zur selben Zeit legen und brüten. Manchmal müssen die Ammen erst an dasjenige Futter gewöhnt werden, das die zu pflegenden Wildtaubenjungen erhalten müssen. Die Ammen müssen unbedingt gesund sein, da Wildtäubchen sehr anfällig gegenüber Krankheiten sind. Eine Prägung auf die Zieheltern, wie etwa bei Prachtfinken, ist nicht zu befürchten. Verlassene oder ungenügend gepflegte Jungtauben von Wildtäubchen bedürfen oft ebenfalls der Hilfe von Ammentauben. Auch hier müssen Alter und Größe in etwa mit den Nachzuchttieren der Ammenpaare übereinstimmen.

Arten und Domestikationsgeschichte des Wasserziergeflügels

Systematik der Gänsevögel

Zur Ordnung der *Gänsevögel* (Anseriformes) zählen zunächst die Familie der *Wehrvögel* (Anhimidae) mit den Gattungen Anhima und Chauna. Bei der Familie der *Entenvögel* (Anatidae) finden wir die Unterfamilie der Spaltfußgänse (Anseranatinae) mit der Gattung Anseranas. Eine größere Unterfamilie bilden dann die *Gänseverwandten* (Anserinae) mit der Gattungsgruppe *Pfeifgänse* (Dendrocygnini) mit der Gattung Pfeifgänse (Dendrocygna). Ihr folgt die Gattungsgruppe *Gänse*

Grüne Zwergglanzente

(Anserini) mit den Gattungen Coscoroba, *Schwäne* (Cygnus), *Echte Gänse* (Anser) und *Meergänse* (Branta).

Die Unterfamilie *Entenverwandte* (Anatinae) führt die Gattungsgruppen *Halbgänse* (Tadornini) mit den Gattungen Tadorna, Alopochen, Cyanochen, Neochen, Chloephaga, Cereopsis, Dampfschiffenten (Tachyeres) und Lophonetta. Die Gattungsgruppe *Schwimmenten* (Anatini) umfasst die Gattungen Eigentliche Schwimmenten (Anas), Rhodonessa, Merganetta, Malacorhynchos, Hymenolaimus und Stictonetta. Nur zwei Gattungen, nämlich Somateria und Polysticta, hat die Gattungsgruppe *Eiderenten* (Somateriini). Die Gattungsgruppe *Tauchenten* (Aythyini) umfasst die Gattungen Netta und Aythya. Die Gattungsgruppe *Glanzenten* (Cairinini) hat die Gattungen Amazonas-Enten (Amazonetta), Calonetta, Zwerg-Glanzenten (Nettapus), Sporengänse (Plectropterus), Warzenenten (Cairina), Höckerglanzenten (Sarcidiornis), Mähnengänse (Chenonetta) und Aix. Die Gattungsgruppe *Meerenten und Säger* (Mergini) stellt die Gattungen Trauerenten (Melanitta), Camptorhynchus, Histrionicus, Eisenten (Clangula), Bucephala und Säger (Mergus). Die Gattungsgruppe *Ruderenten* (Oxyurini) führt die Gattungen Thalassornis, Heteronetta, Ruderenten (Oxyura) und Biziura.

Jungenten im Aufzuchtstall

Wehrvögel haben ihren Namen von einem scharfen Flügelsporn, den sie zur Verteidigung einsetzen können. Die Geschlechter unterscheiden sich nicht im Aussehen. Die drei Arten bewohnen wasserreiche Gegenden Südamerikas.

Entenvögel zeichnen sich durch große Riechhöhlen und gute Tastempfindungen im Schnabelinneren aus. Neben flugunfähigen Arten gibt es vor allem solche, die schnell fliegen können. Die Begattung erfolgt fast immer auf dem Schwimmwasser. Die Dunenjungen suchen gewöhnlich bald nach dem Schlupf das Wasser auf und werden hier geführt. Spaltfußgänse besitzen nur winzige Schwimmhäute, Gänse- und Entenverwandte jedoch größere. Entenvögel sind häufig bunt befiedert. Als Wasservögel müssen sie ständig ihr Gefieder einfetten. Der Schnabel zeichnet sich durch Reihen von Hornleisten oder Hornzähnen aus, sodass ein Durchseihen des Wassers ermöglicht wird. Echte Gänse sind in beiden Geschlechtern gleich gefärbt und vermausern nur einmal jährlich. Die anderen Arten sind meist in beiden Geschlechtern verschiedenartig gefärbt und wechseln das Kleingefieder zweimal jährlich. Entenarten zeigen oft im männlichen Geschlecht ein wunderbares Prachtgefieder. Bei Schwänen und bei einigen Entenarten kommen farblich auffallende Fleischhöcker an der Schnabelwurzel vor. Mit dem

Prachtkleid kann sich auch die Schnabelfarbe auffällig verändern. Einige Arten bilden Flügelspiegel aus. Bei anderen kommen Schallschwingen vor. Weibliche Enten besitzen oft Tarnfärbungen, die sie beim Brüten schützen. Auffallend sind auch die vielen stimmlichen Äußerungen dieser Vogelgruppe.

Pfeifgänse, Schwäne, Gänse und Enten

Beim Wasserziergeflügel erfreuen sich zwar *Schwäne* großer Beliebtheit, doch sind diese großen Vögel eher etwas für größere Gewässer. Fast schon domestiziert ist der *Höckerschwan* (Cygnus olor), von dem es auch eine Spielart mit fleischfarbigen Läufen gibt, deren Küken nicht grau, sondern weiß sind. Sehr dekorativ auf dem Gewässer wirkt der schwarze australische *Trauerschwan* (Cygnus atratus). Eine schöne Art ist auch der südamerikanische *Schwarzhalsschwan* (Cygnus melanocoryphus).

Häufig findet man bei Wassergeflügelliebhabern die *Graugans* (Anser anser) und die *Kanadagans* (Branta canadensis). Auch *Nonnengänse* (Branta leucopsis) werden nicht selten gehalten.

Von der Vielzahl der *Wildentenarten* sieht man häufig die Brautente (Aix sponsa) und die Mandarinente (Aix galericulata). Die erste Art stammt aus Nordamerika, die zweite aus Ostasien. Beide Arten werden oftmals bei den Züchtern im Freiflug gehalten. Es gibt auch farbliche Spielarten. Diese Enten sind heutzutage genau wie Kanadagänse nicht selten im Wildleben anzutreffen. Die Erpel allerdings werden bei den beiden Glanzentenarten häufig unleidlich gegenüber ihrer heranwachsenden Nachzucht, sodass man die Tiere nur paarweise halten kann. Seltener kommen Ausnahmen vor.

Damit frei auf Gewässern gehaltene Schwimmvögel nicht entfliegen, beschneidet man ihnen die großen Schwungfedern einer Schwinge längsseitig. Das muss bei Nachzuchten rechtzeitig geschehen, sonst vor Ende der Mauser. Man lässt sich als Anfänger die Prozedur unbedingt von Züchtern zeigen, damit man nichts falsch macht.

Pfeifgänse

Die acht Arten der *Pfeifgänse* (Dendrocygna) stoßen in beiden Geschlechtern helle Pfeiflaute aus.

Drei Pfeifgansarten besitzen darüber hinaus noch Schallschwingen, die ein pfeifendes Fluggeräusch erzeugen. Pfeifgänse fressen überwiegend pflanzliche Nahrung, die sie nachts aufnehmen, während sie tagsüber in Scharen an den Gewässerrändern ruhen. Die Gänse scheinen ein ganzes Leben in Einehe zu sein. Sie brüten abwechselnd 27 bis 30 Tage auf dem Gelege. Alle Gössel der acht Pfeifgansarten sehen sich im Daunenkleid sehr ähnlich und zeigen eine Farbmusterung, die von der Farbgebung anderer Entenvögel sehr abweicht. Neuerdings wird die *Weißrückenente* (Thalassornis leuconotus) auch zu den Pfeifgänsen gestellt. Die Art bewohnt in zwei Rassen Afrika. Balzverhalten, Lautäußerungen, Kükenaufzucht durch beide Elternteile sowie der Luftröhrenbau scheinen auf die nahe Verwandtschaft zu den Pfeifgänsen hinzuweisen.

In zwei Rassen kommt die *Herbstpfeifgans* (Dendrocygna autumnalis) vom südlichen Nordamerika bis Südamerika vor. Die schönen Vögel halten sich an Flachgewässern auf und sind hier manchmal in riesigen Ansammlungen zu finden. Sie

Herbstpfeifgans

gehen ab der Dämmerung auf Nahrungssuche. Beide Eltern bebrüten die 12 bis 16 Eier 26 bis 30 Tage lang in Baumhöhlen. Die Nester stehen seltener inmitten der Sumpfvegetation am Boden. Auch wird gerne in Kolonien gebrütet. Die Junggänse können schon im Alter von acht Wochen fliegen, sodass man rechtzeitig die Schwungfedern einseitig beschneidet.

Die Gänse zeigen einen roten Schnabel, Scheitel und hinterer Hals sind dunkelbraun. Sonst ist der Kopf grau. Die Augen sind von einem weißen Ring umgeben. Unterhals, Brust und Mantel sind rotbräunlich, die Flügeldecken weiß. Schwanz und Unterseite sind schwarz gefärbt. Die Beine sind rosafarben. Die Zucht gelingt, wenn man Nistkästen einstellt und ein Paar besitzt. Die Gänse müssen, wie auch Witwenpfeifgänse, frostfrei überwintert werden.

Auch die *Witwenpfeifgans* (D. viduata) ist eine sehr beliebte Art bei den Liebhabern. Die Gans lebt im tropischen Südamerika, in Afrika südlich der Sahara und auf einigen großen Inseln. Der vordere Kopf und das Gesicht sind weiß, Hinterkopf und Nacken aber schwarz. Der weiße Kehlfleck wird durch ein schwarzes Band vom Gesichtsweiß abgehoben. Unterer Hals, Brust und Rücken sind kastanienrot. Olivbraun mit cremiger Säumung sind Mantel und Schultern. Die Flanken zeigen schwarzweiße Bänder. Der mittlere Bauch, die Schwanzdecken und der Schwanz sind schwarz. Der Schnabel ist grauschwarz und hat ein helles Querband zur Spitze hin, dazu bläuliche Umrandungen der Nasenlöcher.

Witwenpfeifgänse bewohnen alle möglichen Gewässer und Meeresküsten. Die Gänse fliegen selten auf Bäume und tun dies in Südamerika nur an Gewässern, die von Piranhas wimmeln. Ist die Brutzeit vorbei, bilden die Witwenpfeifgänse riesige Ansammlungen. Nachts gehen sie zum Fressen auf die an Gewässer angrenzenden Wiesen, aber auch ins Kulturland. Die Nester stehen im hohen Schilfgras, manchmal auch in Baumhöhlen.

Das Gelege umfasst 8 bis 12 Eier und wird 27 bis 30 Tage lang bebrütet. Es scheint, als ob die Ganter sich hierbei besonders hervortun. Feinde werden durch Fehlleiten irregeführt. Die Junggänse können mit etwa 55 Tagen fliegen und sind nach einem Jahr zuchtreif.

Witwenpfeifgans

Zur Haltung ist neben dem warmen Schutzhaus ein Wiesengelände neben einem Weiher günstig. Die Gänse brüten dann neben Sumpfstauden und Hochgräsern. Künstliche Aufzuchten dieser Pfeifgänse erfordern Aufzuchthäuschen mit Wärmequelle. Die Gänse fressen Fertigfutter und Mischfuttersorten, dazu gerne Hirsesorten und Garnelen aus dem mit Wasser gefüllten Fressnapf. Auch Halbwüchsige gehen an solches Futter. Die Pfeiftöne dieser Art können allerdings nahe Nachbarn stören.

Höckerschwan

Schwäne

Schwäne sind Vögel für größere Parkgewässer. Der lange Hals befähigt sie, Pflanzen am Ufer abzufressen, aber auch in größerer Wassertiefe zu erreichen. Es sind wehrhafte und große Vögel, die für jedes Gewässer ein besonderer Schmuck sind. Schon der Naturforscher Peter Pallas berichtete, dass man früher im alten Russland vielfach Singschwäne zahm hielt, um sich an ihrem „Gesang" zu erfreuen. Die Vögel würden schnell zahm und hätten mit ihrer Stimme „einen sehr lieblichen Klang, wie Silberglocken …" Auch was vom Gesang des sterbenden Schwanes erzählt wird, ist keine Fabel, denn der tödlich verwundete Singschwan bringt, indem er beim letzten Atemzuge die Luft aus der Luftröhre stößt, gesangsartige Töne hervor. Bekanntlich gibt es über den im Sterben liegenden Schwan im Altertum viele Berichte, in denen behauptet wird, dass er sänge.

Der *Höckerschwan* (Cygnus olor) gilt als halb domestizierte Schwanenart. Er kommt in Eurasien vor und ist Brutvogel in Ost- und in Norddeutschland. In vielen Weltgegenden wurde er vom Menschen eingebürgert. Die weißen Schwäne, die oft den Hals s-förmig biegen und die Ellenbogen anheben, sodass sich die Schwingen wie Segel über den Rücken wölben, gelten als Schönheiten aller Gewässer. Zur kalten Jahreszeit leben die Schwäne gesellig, zur Brutzeit werden die Paare unleidlich. Tatsächlich verteidigen die Schwäne ihr Revier sehr nachdrücklich und können selbst Menschen gefährlich werden. Die Nester stehen am Uferrand im Schilf auf Hochgras oder auf kleinen Inselchen, wobei erhebliches Sumpfpflanzenmaterial herbeigeschleppt wird. Das Gelege mit 4 bis 7 Eiern wird vom Weibchen bebrütet. Die Brutdauer beträgt 34 bis 38 Tage. Höckerschwäne fressen Wasserpflanzen mitsamt daran hängendem Laich von Fischen und Amphibien. Sie nehmen gerne eine Zufütterung von Körnern und eingeweichtem Brot an. Bei Kälte gibt man am Ufer eine Strohaufschüttung, wo die Vögel übernachten können. Wichtig ist, dass bei zugefrorenen Gewässern stets eine kleinere Wasserfläche zum Baden offen bleibt.

Ein Verwandter des Höckerschwans ist der australische *Trauerschwan* (Cygnus atratus) der gleichfalls den Hals s-förmig zurückbeugt und die Flügel wölbt. Die Art wurde auch in Neuseeland eingebürgert. Der Trauerschwan ist kleiner und zierlicher

Trauerschwäne mit Jungen

als der Höckerschwan. Er hat tiefdunkles Gefieder, aber weiße Schwingen und einen roten Schnabel mit weißer Querbinde.

Die Schwäne bewohnen in ihrer Heimat Seen, Lagunen und Flussmündungen, wo die Nester zwischen Schilf angelegt werden. Die 4 bis 8 Eier werden von beiden Eltern in 34 bis 37 Tagen erbrütet, die Jungschwäne können mit einem knappen halben Jahr fliegen. Mit einem Jahr sind sie geschlechtsreif. Die Vögel brüten in losen Kolonien.

Die Schwäne kann man auf kleineren Teichen halten. Die Art ist winterhart, aber infolge ihrer eigentlichen Heimat südlich des Äquators will sie meist im Winter brüten, wodurch natürlich die Küken nicht hochkommen. Weil Trauerschwäne mehrere Gelege zeitigen, kann man die ersten Eier wegnehmen und das Paar eventuell dazu bringen, später zu günstigerer Zeit eine neue Brut zu beginnen. Dann kommen die Jungen natürlich auf.

Der südamerikanische *Schwarzhalsschwan* (Cygnus melanocoryphus) kommt vom 35. Breitengrad an südwärts bis Feuerland vor. Er ist kleiner als der Höckerschwan und besitzt einen kurzen Hals, kurze Schwingen und Läufe. Sein blauer Schnabel hat am Ansatz einen roten Stirnhöcker. Haupt und Hals sind schwarz, sonst ist der Vogel weiß und hat rosa Läufe. Diese Schwäne leben an großen, flachen Seen in den Pampasgegenden im Osten der gewaltigen Anden, die reich an Wasserpflanzen sind. Das große Nest steht oft mitten im Flachwasser. Das Gelege umfasst 3 bis 7 Eier, die das Schwanenweibchen in 34 bis 36 Tagen bebrütet. Die Außentemperaturen liegen dann um 8 °C. Weil diese Schwanenart auch während der Brutzeit weniger angriffslustig ist, kann man die Schwäne auf kleineren Weihern zum Beispiel mit Enten zusammen halten. Wenn die Vögel erst einmal gebrütet haben, führen sie jedes Jahr zuverlässig neue Bruten aus.

Schwarzhalsschwäne

Gänse

Plinius berichtete auch über das Rupfen, um Federn gewinnen zu können: „Der weichste Flaum sitzt der Haut am nächsten, und der beste kommt aus Germanien. Die dortigen Gänse sind weiß, klein und heißen Gant. Das Pfund ihrer Federn kostet fünf Denare. Daher kommt es, dass so oft die Offiziere der dort stehenden römischen Hilfstruppen angeklagt werden, dass sie ganze Kohorten auf die Gänsejagd statt auf die Wache schicken. So weichlich sind wir nun schon geworden, dass selbst Männer kaum schlafen können, wenn ihr Kopf nicht auf Gänseflaum ruht."

Bischof Isidorus von Sevilla erwähnt in der ersten Hälfte des siebenten Jahrhunderts n. Chr. den Gebrauch der Gänsefeder als Schreibgerät.

Die *Graugans* (Anser anser) kommt in zwei Formen in Eurasien vor, und zwar als Westliche und als Östliche Graugans. Von der erstgenannten Unterart stammen unsere Hausgänse ab. Stammform der Höckergans ist die asiatische *Schwanengans* (Anser cygnoides). Während die Graugans bei uns domestiziert wurde, entstanden Haus-Höckergänse in Japan und China als weiße oder graue Nachfahren der wilden Schwanengans. Obwohl *Höckergänse* bei uns keine wirtschaftliche Rolle spielen, entstanden aus Höckergänsen wirtschaftliche Rassen in Russland, Afrika und in den Gebieten Amerikas und Asiens.

Seit alten Zeiten wurden Gänse auch zu Kämpfen eingesetzt. Es gibt noch heute eine Anzahl von Kampfgansrassen.

Die Gänsehaltung und -zucht war nicht nur bereits bei den alten Ägyptern, Griechen und Römern verbreitet, vielmehr war schon früher die Gänsehaltung auch bei uns in Mitteleuropa heimisch. Darauf weisen alte Flurnamen wie Gänseacker usw. hin. Am 11. November (Martinstag) schlachtete man Gänse, die es dann als Martinsgans auf der Tafel gab. Im Osten Deutschlands war Gänseschmalz mit Majoran ein äußerst beliebter Brotaufstrich. Auch in vielen Märchen kommen Gänse vor.

Wildgansarten, Haltung und Zucht

Die *Graugans* (Anser anser) ist Stammform der meisten *Hausgansrassen* und wurde vermutlich schon vor Jahrtausenden zum Haustier. Man unterscheidet die westliche und die östliche Unterart. Die westliche Form hat ihr Brutgebiet in Nord- und Mitteleuropa, während die östliche Gans von Südosteuropa bis Zentralasien brütet. Im Überschneidungsgebiet kommt es zu Bastarden. Die Gänse bewohnen große Seen, die anschließende Gebiete mit Weideflächen bieten. Auch verschilfte Gewässer und flache Steppenseen dienen als Habitat, wo die Gänse in lockeren Kolonien brüten und ihr Nest als großes Gebilde aus Sumpf- und Wasserpflanzen bauen. Die Weibchen brüten alleine auf den 5 bis 6 weißlichen Eiern. Die Brutdauer beträgt 28 oder 29 Tage. Beide Eltern führen die Gössel. Die Junggänse sind mit acht Wochen flügge und bleiben bis zum Frühling bei ihren Eltern. Graugänse fressen Gräser und Kräuter.

Graugänse (Anser anser) im Freilauf

Die westliche Form der Graugans ist braungrau, dazu auf dem Vorderrücken und in den Schultern schwarzbraun mit weißer Säumung der Federn. Der Hinterrücken ist aschgrau, Bürzel und Schwanzdecken sind weiß. Die Unterseite ist grauweiß mit einzelnen schwarzen Flecken. Der Schnabel ist orange, die Läufe sind von blassem Rosa. Die östliche Rasse erscheint aufgehellter.

Streifengans

Die *Streifengans* (Anser indicus) brütet auf dem Zentralasiatischen Hochplateau. Auf dem Zugweg fliegen die Gänse über die fast 9000 Meter hohen Gipfel des Himalajas. Die Vögel brüten oft in riesigen Scharen beisammen. Die Gelege umfassen 3 bis 6 Eier und werden 28 bis 30 Tage lang bebrütet. Nisten die Gänse an Klippen, so springen die Gössel in die Tiefe und werden dort von den Eltern geführt. Die schönen Gänse sind verträglich und anspruchslos, winterhart und gut zu züchten. Im Winter gehen die frei lebenden Gänse gerne auf die Saatfelder.

Wilde Kanadagänse

Bei der Streifengans fällt zunächst der hellgelbe Schnabel auf, der mit dem weißen Haupt kontrastiert. Über den Kopf verlaufen parallel und quer zwei dunkle Bänder. Das vordere davon geht bis zu den Augen, das hintere verläuft um den Nacken. Ein weißer Halsseitenstreifen zieht sich zwischen dem braungrünlichen Vorderhals und dem schwärzlichen Hinterhals. Silbergrau ist der Körper. Die Läufe sind von orangegelber Färbung.

Kanadagänse (Branta canadensis) kommen in vielen Formen vor, wobei kleinere Typen gerne von Wasserziergeflügelfreunden gehalten werden, sind es doch schmucke, unschwer zu pflegende Vögel. Die hauptsächlich in Amerika lebenden Kanadagänse haben sich längst in Europa niedergelassen und brüten auch bei uns. Die Gänse fressen in der Hauptsache Gräser, Kräuter sowie Beeren, dazu ein wenig Insekten, Weichtiere und Krebschen. Die 4 bis 6 Eier werden 28 Tage lang bebrütet, dann führen die Eltern die Gössel. Mit acht Wochen können die Junggänse fliegen.

Die Nominatform ist eine große Gans mit schwarzem Kopf und Hals. Vom Kinn bis hin zum Ohr zieht sich eine breite weiße Binde. Diese steht in auffälligem farblichem Gegensatz zur braunen Färbung des Körpers. Diese Gans ist im Westen Kanadas heimisch, aber man bürgerte sie auch auf Neuseeland, England und Skandinavien ein, sodass Kanadagänse zunächst in der Gegend um Berlin, dann auch anderswo bei uns heimisch wurden und im Freileben brüten. Skandinavische Kanadagänse überwintern auch in Deutschland.

Die *Blessgans* (Anser albifrons) lebt in den arktischen Tundragebieten von Russland, Nordamerika und Grönland. Es gibt mehrere Rassen von dieser Art. Bei der Nominatform ist die Stirn mit dem Schnabelansatz weiß, Kopf und Hals hingegen dunkelbraun. Die Oberseite des Körpers ist bräunlich gebändert. Schwarze Bänder

Blessgans

Brandgans

überlaufen auch Bauch und Flanken. Der Schnabel ist fleischfarben, die Läufe orangerot. Die Brut in den Tundren beginnt erst im Juni, wo dann die Nester im Trockenen auf Hügeln und zwischen Grasbülten stehen, aber stets wassernah. Die 5 bis 6 Eier werden in 28 Tagen erbrütet, die Junggänse können mit 40 Tagen bereits fliegen. Die südlich gelegenen Überwinterungsgebiete sind dann überschwemmte Wiesen und Weiden sowie Saatfelder.

Die Gänse werden schnell zahm, auch wild gefangene. Sie sind gut zu halten. Aber nur von Hand aufgezogene Tiere brüten oft schon im zweiten Jahr.

Die *Brandgans* (Tadorna tadorna) ist an unseren Küsten, am Mittelmeer und am Kaspisee sowie an zentralasiatischen Seen zu finden. Sie überwintert mehr im Süden. Man bezeichnet diese Art gelegentlich als „Halbgans". Die Nahrung besteht hauptsächlich aus Würmern, Krebschen und Schnecken des Salzwassers. Im frühen Frühling kommen die Paare zu den Brutgebieten, wobei ihre Nester bei uns meist in Kaninchenhöhlen zu finden sind. Die 7 bis 15 Eier werden 28 bis 30 Tage bebrütet. Die Jungvögel sind mit gut 40 bis 60 Tagen flugfähig. Bei uns vermausern die Brandgänse auf dem Großen Knechtsand in der Deutschen Bucht, wo sich dann riesige Scharen von Brandgänsen einfinden. Die Gänse sind verträglich, lebhaft und winterhart.

Gefüttert wird in der Liebhaberhaltung mit Garnelenschrot, Trockenfisch und eiweißreichen Pellets wie zum Beispiel mit Alleinfutter für Puten. Man bietet kleine Hüttchen oder sonstige Höhlen zur Brut an. Die Gössel springen schon nach Verlassen ihres Nestes um die 50 cm hoch, weswegen man aufpassen muss und Umzäunungen hoch genug ziehen sollte. Zur Aufzucht werden Kükenaufzuchtmehle gereicht.

Die männlichen Tiere besitzen einen schwarzgrünen Kopf und Oberhals. Weiß sind unterer Hals und vorderer Rücken. Ein rötlich braunes Band zieht sich über Unterbrust und vorderen Rücken. Ein Längsband zieht sich breit und schwarz zwischen den Läufen hindurch über die weiße Bauchmitte. Die Unterschwanzdecken sind gelblich, der Schwanz schwarz mit weißen Endbinden. Die Schultern sind schwarz, die Flügeldecken weiß, die Armdecken rotbraun. Die Armschwingen sind grün schillernd mit Spiegel. Im Frühling zeigen die Tiere einen Oberschnabelhöcker. Die Beine sind fleischfarbig rot. Die weiblichen Tiere sind kleiner und matter gefärbt. Ihnen fehlt auch der Schnabelhöcker.

Die *Rostgans* oder *Kasarka* (Tadorna ferruginea) kommt vom südlichen Spanien über Nordafrika und den Nahen Osten bis

Paradies-Kasarka

Höckergänse

Schwanengans

Lockengans

hin nach China vor. Sie überwintert südlich in ihrem Verbreitungsgebiet. Rostgänse bewohnen offenes Gelände und gehen bis auf 5000 m Höhe. Die Art ist nicht nur an Süßwasserläufen, sondern auch an Salzseen zu finden. Die Vögel fressen vornehmlich Pflanzen, vor allem Wasserpflanzen und Gräser, nehmen aber auch Körner auf, dazu kleine Muscheln und Krustentiere, Amphibien und Fische. Die Art brütet in Höhlen der Uferwände, in Baumhöhlen und zwischen den Klippen. Es werden 8 bis 10 Eier gelegt, die 28 Tage lang bebrütet werden. Die Jungvögel können mit zwei Monaten fliegen und sind mit zwei Jahren fortpflanzungsfähig. In der Haltung stellen die Kasarkas keine besonderen Ansprüche. Außerdem sind die Vögel winterhart und brüten ohne Umstände. Allerdings sind die Brutpaare dann sehr streitsüchtig. Die Rostgänse halten Grasnarben kurz und eignen sich auch als Parkgeflügel.

Die Ganter sind an Kopf und Nacken gelblich, im Gesicht mehr weiß. Der vordere Hals und die Kehle gehen in eine Zimtfärbung über, während die Flügeldecken weiß sind. Der Halsring ist schwarz. Die Armschwingen glänzen grün und bilden einen Spiegel. Die Oberschwanzdecken und der Schwanz sind schwarz, ebenso Schnabel und Läufe. Weibliche Vögel sind im Gesicht weiß, auch fehlt ihnen das Halsband.

Die *Schwanengans* (Anser cygnoides) ist eine Bewohnerin nördlicher Gebiete Asiens, wo unterschiedliche Biotope den Gänsen als Heimat dienen. Die Gänse leben an Seen und Flüssen mit viel Vegetation, fressen hier auch Gräser und Kräuter, dazu Wurzeln sowie Beeren und sogar Lärchennadeln. In den angestammten Brutgebieten beginnen die Vögel die Brut etwa ab Mai in lockeren Kolonien. Das Gelege umfasst 5 bis 8 Eier. Nach 28 bis 30 Tagen schlüpfen die Gössel, die im August flugfähig sind und ab September in die Überwinterungsgebiete nach Nordchina, Japan und Korea abwandern.

Die Schwanengans ist die Stammform von Hausgänsen, nämlich Ahnin der *Höckergans* und der *Afrikanischen Höckergans.* Vermutlich wurde die Art vor 3000 Jahren von den Chinesen domestiziert, vielleicht auch von anderen Völkern.

Schwanengänse sind gut vom Liebhaber zu halten und nachzuzüchten.

Die Wildart ist groß und mit einem kräftigen Schnabel ausgestattet, dessen First gerade in die Stirn übergeht. Am Ansatz des Schnabels findet sich ein weißer Federring. Scheitel und der hintere Hals sind dunkelbraun. Der übrige Kopf ist gelblich, der Rumpf dunkelbraun. Der Schnabel ist schwarz, die Läufe sind orangegelb.

Brütende Ente im Aufzuchtabteil

Unter den *Hausgansrassen* als Abkömmlingen der Graugans gibt es auch solche, die man früher zu Kämpfen hielt. Lockengefieder, Stirnhöcker und Hauben kommen vor.

Die im Anhang abgedruckte Ziergeflügelliste nach BDRG gibt unter Z3 einen Überblick über die Wildgänse.

Enten

Bei den alten Römern galten Gänse und Enten als Speise des Pöbels, infolgedessen waren sie billig zu erstehen.

Die *Stockente* (Anas platyrhynchos) ist mit sechs Unterarten in Eurasien, Nord- und Mittelamerika verbreitet. Die Stockente ist die Ahnin unserer vielen Entenrassen. Es gibt nur eine Ausnahme, das ist die mittel- und südamerikanische Moschusente (Cairina moschata). Die Moschusente wurde schon von den Indianern gezähmt. Sie kam durch die spanischen Eroberer nach Europa.

Die Legeleistung der heimischen Entenrassen übertraf zeitweilig jene der Hühner. Einen Rückschlag gab es in den Dreißigerjahren des vorigen Jahrhunderts durch Fälle von Salmonelleninfektionen.

Der alte Legeententyp wird durch die aufgerichteten Laufenten des sogenannten Pinguintyps vertreten.

Wildentenarten, ihre Haltung und Zucht

Die *Moschusente* (Cairina moschata) lebt in Mittel- und Südamerika bis Peru im Westen und bis Uruguay im Osten. Sie ist die Stammform der von den Indianern gezähmten *Warzenente.* Die Moschusenten leben an Seen und Sümpfen, an Flüssen in den Wäldern und vor allem an den Lagunen. Auf Quechua heißt übrigens die Ente allgemein „keowa/keuwa“, was vielleicht auf das Wort „Cayuga“ hinweisen könnte. Die Weibchen brüten in meist hoch gelegenen Baumhöhlen die 8 bis 15 Eier in 35 Tagen aus. Mit einem Vierteljahr sind die Jungenten voll befiedert, fliegen zwischen den Waldbäumen umher und gehen gern auf Bäume. Die Enten sind Allesfresser und nehmen auch kleine Reptilien oder Termiten auf. Erpel wiegen 5 kg, Enten nur 3 kg. Moschusenten sind kälteempfindlicher und wollen erhöht in Höhlen brüten. Die Enten brüten zuverlässig und führen gut. Die von ihnen abstammenden Warzenenten wurden weltweit verbreitet und haben ein ausgezeichnetes Tafelfleisch.

Heute werden die Nachkommen der Wildart als *Warzenenten* bei uns in vielen Rassen gezüchtet. Auch in vielen Ländern, vor allem in den Tropen, werden Warzenenten als Hausenten gehalten. Mischlinge aus Warzenenten und Stockentenabkömmlingen sind unfruchtbar. Die Erpel sind erheblich größer als die weiblichen Tiere. Das Gesicht des Erpels ist nackt und graublau mit einem roten bis fleischfarbigen Höcker an der Oberschnabelbasis. Das Gefieder an Kopf und Nacken ist verlängert, sodass ein Schopf gezeigt werden kann. Das Körpergefieder ist schwarz mit Metallglanz und zeigt weiße Flügeldecken. Am Flügelbug befindet sich ein Hornknopf. Der Schnabel ist am Ansatz schwarz mit einem schwarzen Querband über dem Oberschnabel und einem schwarzen Nagel. Die übrigen Schnabelteile sind gelbgrau. Die Iris ist hellgelb. Die Läufe sind dunkelgrau. Enten besitzen einen kleineren Schnabelhöcker.

Die *Stockente* (Anas platyrhynchos) hat ein riesiges Verbreitungsgebiet, das von Eurasien bis ins mittlere und nördliche Nordamerika reicht. Eingeführt wurden die Wildenten auch in Australien und Neuseeland. Die Enten bewohnen alle möglichen Gewässer und auch durchaus die Meeresküsten. Beide Partner suchen den Nistplatz aus. Dieser kann versteckt am Boden liegen, das Nest kann aber auch in Baumhöhlen und in alten Greifvogelhorsten sein. Hier legt die Ente ihre 10 bis 12 grünlichen, olivfarbigen oder blaugrünen Eier ab und bebrütet sie. Nach 28 Tagen schlüpfen die Küken und werden von ihrer Mutter zu Futterplätzen geführt. Mit acht Wochen können die Jungenten fliegen. Fast alle Hausentenrassen stammen von der Stockente ab. Domestiziert wurden Stockentenabkömmlinge vielleicht in

Warzenente

Stockentenerpel

Mesopotamien und im alten China. Die Enten fressen – jahreszeitlich unterschiedlich – mehr vegetarische oder mehr animalische Kost.

Der Erpel unserer heimischen Stockente hat einen grün schimmernden Kopf, am oberen Hals einen weißen Ring und einen braunen Kropf, eine hellgraue Unterseite und ein ebensolches oberes Gefieder. Das Tier zeigt auch vier gekrümmte Schwanzlocken. Grüner Schnabel und rote Läufe sind weitere Attribute, während die weiblichen Tiere eine wunderschöne braune Tarnfärbung besitzen.

Eine ungewöhnlich schöne Ente im männlichen Geschlecht ist die so häufig gehaltene und leicht züchtbare *Mandarinente* (Aix galericulata) aus Ostasien. Weibchen sind schlicht gefärbt. Die Vögel leben an Seen mit dichter Vegetation an den Ufern und an Flüssen, die Wälder durchfließen. Vor allem morgens und abends suchen die Enten an Land und auf der Wasseroberfläche nach Nahrung, verzehren auch Eicheln, Kastanien und Bucheckern. Die Erpel führen eine Gruppenbalz aus. Die Weibchen suchen Baumhöhlen als Nistplatz aus, legen dort ihre 9 bis 12 Eier ab, die 28 bis 30 Tage lang bebrütet werden. Die Küken gehen mit ihren Krallen an den Zehen die Innenwände hoch und springen ins Freie. Die Alte führt sie dann ans Schwimmwasser, wo sie nach Insekten suchen und Entengrütze fressen. Nach 6 bis 7 Wochen sind die Jungenten selbstständig. Die Vögel sind gut winterhart. Sind die Schwingen beschnitten, so legt man kleine Leitern zum Erklimmen der Bruthöhlen an den Nistort.

Bei den Mandarinenten sind die Geschlechter völlig unterschiedlich gefärbt. Die Erpel zeigen eine dunkelgrün glänzende Stirn und Scheitelmitte. Nach hinten zu geht das Gefieder ins Purpurblaue über. Die lange, braunrote Nackenhaube wird nach hinten zu dunkelgrün und findet ihr Ende in weißen Federn. Die beiden Kopf-

Mandarinerpel

seiten sind über die Augen hinweg weiß. Dann kommt ein Kragen aus rotbraunen Kehl- und Ohrdeckenfedern, die lang sind und spitz auslaufen. Olivbraun sind der Rücken, der Bürzel und die Flügeldecken, wobei Grünglanz gezeigt wird. Die rostig roten Schulterfedern sind wie kleine Segel aufgestellt. Der Kropf zeigt eine rötlich bläuliche Färbung. Die Abgrenzung zu den Flanken hin geschieht mit einem doppelten schwarzen und weißen Band, das quer verläuft. Die gelbbraunen Flanken sind quer von schwarzen Wellen überzogen. Sonst ist die Unterseite weiß. Der Schnabel ist rot, die Läufe sind orangegelb. Bei der Ente sind der kurze Schopf und der obere Kopf braungrau. Die Schnabelbasis, die nach hinten verlaufende Zeichnung und die Kehle sind weiß. Die Oberseite ist braun. Kropf, Brust und Flanken sind braun mit rötlich weißen Flecken.

Die *Brautente* (Aix sponsa) bewohnt in Nordamerika ähnliche Habitate, wird zur selben Zeit wie die Mandarinente futteraktiv und nimmt zu 90 % Pflanzennahrung auf, vor allem Wasserlinsen, dazu etwa 10 % Wasserinsekten. Bei der Jagd gründeln die Enten. Die Art weidet gerne und frisst im Herbst Früchte, Beeren, Eicheln, Nüsse und Bucheckern. Die Paare suchen

Brauterpel

Krickerpel

im Frühling geeignete Nisthöhlen auf. Das Weibchen bebrütet die etwa 12 Eier 32 Tage lang, woraufhin die Küken nach dem Schlupf den Höhlenausgang erklimmen und sich auf den Boden fallen lassen. Die Enten bewohnen ähnliche Gebiete wie Mandarinenten, sodass auch hier die Mutter ihre Küken im Wald an stille Gewässer führt.

Brautenten sind verträglicher als Mandarinenten. Sie werden seit langem als Wasserziergeflügel in Europa gehalten.

Brautentenerpel im Hochzeitskleid besitzen eine grüne, dazu rötlich schimmernde Kopfhaube, welche bis in den Nacken herabreicht. An beiden Scheitelseiten und von der Spitze der Haube bis zur Schläfe hin zieht sich ein weißer Streifen. Das senkrechte weiße Wangenband geht über in die weiße Kehle und in den weißen Halsring. Das sonstige Gefieder auf dem Haupt ist wie die Haube selbst getönt. Die Oberseite ist dunkelgrün mit Schimmer. Der Kropf ist braunrot, zur Flankengegend hin weiß mit schwarzer Begrenzung. Die gelbbraunen Flanken sind mit schwachen schwarzen Wellen versehen. Der Schnabel hat am Ansatz einen roten Fleck. Er selbst ist silbergrau. Die Iris und der Augenring sind orangerot. Die Läufe sind ockergelb. Die Enten sind denen der Mandarinente sehr ähnlich, haben aber ein ausgedehnteres brillenähnliches Band hinter den Augen und mehr Weiß an Kinn und vorderem Hals. Die Oberseite ist insgesamt auch dunkler.

Krickenten (Anas crecca) leben an allerhand Gewässern mit viel Vegetation und sind auch an den Meeresküsten zu Hause. Die Enten bewohnen in Rassen Eurasien und Amerika. Das Gelege umfasst 8 bis 10 Eier und wird in 21 bis 23 Tagen von der Ente ausgebrütet. Diese führt die Jungen alleine, die nach gut 40 Tagen flugfähig sind. Die Nahrungspalette ist unterschiedlich. So wird wintertags mehr pflanzliche Nahrung verzehrt, im Sommer vor allem tierische Kost, besonders Insektenlarven. Die kleinen Enten lassen sich gut halten und züchten. In dichtem Gebüsch und in Nistkästen in den Gehegen brüten die Enten ohne große Umstände. Viele Züchter raten, die Brut künstlich vorzunehmen. Die Enten sind verträglich.

Die völlig zutraulichen Nachzuchten der Krickente bestechen durch die bunten Farben. Kopf und Oberhals der Erpel der Nominatform sind kastanienrot mit einem breiten schwarzgrünen Band. Dieses geht vor den Augen über die Schläfen hinweg zu den Ohrdecken. Dann wird es schmaler und verläuft in den Nacken hinein. Der untere Hals und die Brust sind gelblich mit dunklen Flecken. Die seitliche Brust mit den Flanken ist von hellem Grau mit dunklen Wellen. Der mittlere Bauch ist weiß.

Die Unterschwanzdecken sind von hellerem Gelb mit schwarzer Umsäumung. Die äußeren Schulterfedern sind weiß mit schwarzen Einfassungen an den Außenfahnen. Die Flügeldecken sind grau. Die großen Federn besitzen weiße Endsäumung. Die Armschwingen glänzen grün bei weißlicher Endsäumung. Der Schnabel ist grau, die Läufe sind von dunklem Grau Die Enten sind braun mit dunkler Zeichnung.

Knäkenten (Anas querquedula) sind eurasische Vögel, die aber in den warmen Zonen Asiens, Afrikas und Neuguineas überwintern und somit bei uns frostfrei gehalten werden müssen. Die Wildenten leben auf flachen, vegetationsreichen Gewässern und fressen Wasserpflanzen und Kleintiere. In 21 bis 23 Tagen bebrütet die Ente ihr Gelege mit 8 bis 11 Eiern. Dann führt sie die Jungen, die mit knapp 40 Tagen flügge sind. Die Enten sind friedlich und werden recht zutraulich. Sie brüten dann, wenn man ihnen einen Teich mit Sumpfgewächsen zuweisen kann.

Die Erpel der Knäkente zeigen einen braunrötlichen Kopf und Hals mit einem weißen Brauenstreif. Dieser zieht sich bis zum Nacken der Vögel hin. Die vordere Brust ist bräunlich. Die schwarz-weißen Schulterfedern fallen lang aus und sind spitz auslaufend. Die Vorderflügel sind

Die Blauflügelente ist eine Knäkentenart.

aufgehellt in Grau bei schwarzer Wellenzeichnung. Die Armschwingen schimmern grünlich. Sie besitzen weiße Streifen. Der Schnabel ist dunkel, die Läufe grau. Die weiblichen Tiere tragen das häufig anzutreffende braune Tarnkleid.

Die *Blauflügelente* (Anas discors) kommt in zwei Rassen im nördlichen Amerika vor und überwintert in Südamerika. Ob es sich bei einem weiteren Typ, der mehr im Süden der USA am Atlantik lebt, um eine wirkliche Rasse handelt, ist ungewiss. Die Nominatform lebt an den Großen Seen bis nach Kanada hinein. Die Vögel wohnen an flachen Gewässern, die südlichen Enten an der Gezeitenzone. Auch gehen die Enten ans Brackwasser, wenn sie überwintern. Die weiblichen Vögel bebrüten das 9 bis 12 Eier umfassende Gelege 23 bis 24 Tage lang. Die Jungen können dann mit sechs Wochen fliegen, bilden Jugendgruppen und fliegen allein in die Überwinterungsgebiete. Mit nur zehn Monaten sind sie geschlechtsreif.

Wintertags benötigen Blauflügelenten bei uns ein Schutzhaus, wo die Temperaturen über null Grad liegen. Die Nester liegen zwischen hohen Gräsern. Man kann die Enten gut in kleineren Gehegen halten. Die Nominatform zeigt im männlichen Geschlecht ein schwarzes Gefieder an Stirn, Scheitel und Kehle. Von den Augen bis zum Kinn geht ein Halbmondfleck. Der Kopf ist graublau, Hals und Unterseite sind von hellerem Rotbraun und schwarz gepunktet. Auf den hinteren Seiten geht die Zeichnung mehr in eine Bänderung über. Hinter dieser befindet sich auf den Bauchseiten ein großer weißlicher Fleck. Die Schwanzdecken sind schwarz, die vorderen Flügel hellblau. Der Flügelspiegel schimmert grünmetallisch und hat oben einen weißen Streifen. Der Schnabel ist schwarz, die Läufe gelb. Die weiblichen Vögel sind braun und besitzen am Schnabelansatz weiße Federn.

Zimtente

Die *Zimtente* (Anas cyanoptera) kommt in Nordamerika, Mexiko und Südamerika in einigen Rassen vor. Einige Formen gehen auch ins Hochgebirge bis auf 3000 m. Die nördlichen Typen überwintern im mittleren Amerika, während die südlichen Zimtenten im Südwinter nach Norden ausweichen und dort den Winter überstehen. Entsprechend müssen die Enten bei überschlagener Wärme überwintert werden. Bei uns werden gewöhnlich die nordamerikanischen und argentinischen Rassen gehalten. Die Zucht gelingt leicht in Gehegen, wobei die Paare möglichst allein gehalten werden sollten, weil die Erpel während der Brutzeit unleidlich werden. Die Vögel leben an Süßwasserseen und in Sümpfen, in Südamerika auch an den Andenseen. Die Gelege umfassen 6 bis 14 Eier, die die weibliche Ente in 25 Tagen ausbrütet. Diese führt dann die Jungen, die mit sieben Wochen bereits fliegen können und zumeist schon im ersten Lebensjahr fortpflanzungsfähig sind. Die nordamerikanische Ente (A. c. septentrionalium) hat Kopf, Hals und Unterseite dunkelrötlich, wobei der Scheitel dunkel ausfällt und die Unterschwanzdecken schwarz sind. Ebenso sind die spitzen und langen Schulterfedern schwarz. Diese besitzen rotgelbe Säumung. Die Flügeldeckfedern sind heller blau, der Spiegel glänzt grünlich und hat an den Oberseiten einen weißen Streifen. Der Schnabel ist schwarz, die Läufe sind orange. Das Weibchen ist schlicht braun.

Die *Amazonasente* (Amazonetta brasiliensis) ist eine tropische Ente aus Südamerika, die wegen ihrer geringen Größe auch bei Liebhabern gehalten wird. Sie ist schon häufig nachgezüchtet worden, muss allerdings frostfrei überwintert werden.

Die Ente lebt mit Unterart an Seen und Teichen in den Waldebenen und Sümpfen und legt ihr Nest in der dichten Vegetation am Wasser oder in verlassenen Horsten auf Bäumen an. Die Ente bebrütet ihre 6 bis 8 Eier etwa 25 Tage lang. Die Eltern ziehen dann die Küken auf. Die Art ernährt sich hauptsächlich von Pflanzennahrung.

Erpel der kleineren Nominatform der Amazonasente besitzen eine dunkelbraune Stirn und ebensolchen Scheitel. Hinterkopf und Nacken sind schwarz. Das vordere Gesicht ist braun. Sodann tragen die Vögel einen aufgehellt grauen Wangenfleck. Die Flügel sind schwarzbraun und schimmern grünlich metallisch auf den Flügeldecken und äußeren Armschwingen. Diese Armschwingen haben eine weiße Säumung an ihrem Ende. Die Brust ist fuchsig rot mit schwarzer Fleckung. Diese zieht sich bis zu den Flanken. Die sonstige Unterseite ist gräulich braun, der Schwanz schwarz. Schnabel und Läufe sind orangerot. Die Enten besitzen weiße Flecken vor den Au-

Amazonasente

gen, am Schnabelansatz und in der Kinnpartie sowie an der Kehle.

Aus der im Anhang abgedruckten Ziergeflügelliste nach BDRG können Sie unter Z3 die Aufstellung der Wildenten einsehen.

Bei den *Hausenten* als Abkömmlingen der Stockente gibt es eine Fülle von Rassen unterschiedlicher Größe, in vielen Farben, auch behaubte Typen. Es gibt mehr waagrecht stehende Enten vom Landententyp und aufrecht stehende vom Pinguintyp. Einen gebogenen Schnabel zeigen die Krummschnabelenten. Flugtüchtige Rassen kann man mit Pfeifen oder Klingeln zum Hof locken, wo sie dann angeflogen kommen. Warzenenten brüten und führen zuverlässig, oft auch Lauf- und Smaragdenten. Innerhalb einer Rasse können verschiedenfarbige Eier gelegt werden.

Enten des Pinguintyps in Indonesien

Schutzhaus für Wasserziergeflügel auf einer Insel

Haltung und Zucht von Wasserziergeflügel

Ställe und Schutzräume

Beim Wasserziergeflügel unterscheiden wir die Wildgänse und die Wildenten. Heute gibt es von beiden Gruppen nachgezüchtete Tiere, sodass es für den Anatidenfreund keine Schwierigkeiten macht, sich solche Arten zu besorgen, die ihm Freude bereiten.

Gänse sind anspruchslos in der Unterbringung. Der *Stall* sollte allerdings zugluftfrei sein. Der Platzbedarf beträgt in etwa einen halben Quadratmeter pro Tier. Die Schlupflöcher sind ungefähr 40 × 40 cm groß. Wichtig ist ein trockener Sitzplatz, am besten auf Stroh mit darunter liegendem Rost. Von unten her wollen es Gänse stets trocken und warm haben. Lege- und Zuchtgänse benötigen ausreichend große Nester in genügender Anzahl.

Enten sind furchtsam und müssen nachts gut ruhen, weswegen man die Fenster hoch anbringt, damit die Vögel nicht durch Autoscheinwerfer oder anderes ständig erschreckt werden. Enten sind empfindlich gegenüber dumpfer und feuchter Stallluft. Eine gute Be- und Entlüftung ist daher wichtig. Mit den empfindlichen Schwimmhäuten dürfen sie nicht am Stallboden anfrieren, weswegen stets für Stallbodentrockenheit zu sorgen ist. Enten wollen von unten her warm und trocken sitzen. Auch für sie ist daher eine Strohaufschüttung auf Rosten angebracht.

Glattstrichböden von Ställen kann man ein leichtes Gefälle geben, wie das auch

Anlage für Wasserziergeflügel im „Freizeitland Geiselwind“

Vorbildliche Volierenanlage im „Freizeitland Geiselwind“

bei Volieren üblich ist. Dadurch läuft das Spritzwasser dann in Rinnen und kann nach draußen abgeführt werden. Stallböden können zusätzlich mit einer Spanplattenauflage „warm“ gestaltet werden. Es gibt hierzu Wasser abweisendes Material.

Zuchtenten benötigen ausreichend große Nester. Für Wärme liebende Arten kann man das Schutzhaus bei Bedarf mit Strahlern aufheizen.

Auf den Stallboden können Lagen von Kiessand, Sägemehl oder nicht staubendem Torf kommen. Ohne häufiges *Bad* kann das Gefieder dieser Vögel nicht in Ordnung bleiben. Wärme liebenden Arten gibt man stallwarmes Badewasser.

Alle Stallungen sind so zu bauen, dass keine Raubsäuger und Nager eindringen können.

Ständig treibenden Erpeln kann bei Gehegehaltung eine Schwinge längs beschnitten werden. Dann können die weiblichen Tiere auffliegen und sich vor Belästigungen auf Stangen in Sicherheit bringen, während die Erpel nicht nachfolgen können.

Auch um die Vögel bei Freilandhaltung am Entweichen zu hindern, kann man ihnen einseitig die Handschwingen beschneiden. Das muss aber ständig vor Mauserende wiederholt werden.

Volieren

Volieren haben den großen Vorteil, dass die Vögel geschützt in ihnen leben können. Natürlich können sie auch einen kleinen Schwimmteich beherbergen. Für die Haltung kleiner Wildentenarten sind Gehege besonders empfehlenswert. Das Gehege sollte Abmaße von 3 m Länge, 1,50 m Tiefe und etwa 2 m Höhe aufweisen. Diese Größe wäre für zwei verträgliche Entenpaare der kleinen Arten ausreichend.

Wenig kälteempfindlich sind unter anderem etwa Mandarin- und Brautenten, dann noch an Kleinentenarten besonders Krick-, Baikal-, Marmel-, Blauflügel- und Zimtenten, die bei uns wetterhart sind. Bewährte, allerdings Wärme liebende Arten sind Amazonas-, Hottentotten-, Bahama- und Rotschulterente.

Aus Hygienegründen sind Volieren und Badeweiher stets sauber zu halten.

Ausläufe für Wasserziergeflügel und Ziergeflügel

In Grünausläufen können sich die Tiere frei bewegen, übliche Verhaltensmuster können ablaufen. Die Vögel sind frei und leben hier im natürlichen Klima. Zudem fressen sie Grünzeug aller Art, nehmen Erden auf, fangen Insekten als Zusatzfutter und kommen an allerlei Früchte. Nachteilig ist, dass das Geflügel von Räubern bedroht ist oder entweichen kann. Außerdem können ständige Rufe Anlieger stören.

Wenn nur kleinere, eingezäunte Ausläufe zur Verfügung stehen, arbeitet man gerne mit Wechselausläufen: Während einige Ausläufe weiter von den Tieren besetzt sind, können andere umgearbeitet und neu eingesät werden. Kleine Ausläufe sind durch die Tierausscheidungen alsbald hoch mit Keimen belastet. Deswegen versucht man immer, die Anzahl der Tiere möglichst klein und überschaubar zu halten und die Jungtierbestände alsbald drastisch herunterzuschrauben.

Ausläufe sollten besonnte und schattige Zonen besitzen. Manchmal müssen sie auch gegen Wind mit Matten oder hohen, dichten Pflanzen geschützt werden. Im Anschluss an Ställe bedacht man Ausläufe gerne, sodass die Tiere auch bei Regenwetter und Schneematsch trockene Auslaufstellen vorfinden, wo sie sich im Freien bewegen können.

Dem Ziergeflügel kann man auch Stellen mit kleinen Gehölzen schaffen, wo sich die Vögel verbergen oder aufbaumen können.

Für Staubbäder füllt man größere Kisten mit pulverfeinem Sand auf, der auch Insektizide enthalten kann. Der Boden wird mit Löchern versehen, sodass Regenwasser abzieht. Die Kisten werden halbschattig in den Boden eingelassen, sodass der obere Rand ein wenig herausschaut und das Einfließen von Regenwasser verhindert wird. Wachteln wollen in der Sonne ein Staubbad nehmen.

Völlig verkotete Auslaufstellen werden spatentief abgetragen, mit frischer Erde aufgefüllt und neu eingesät.

In der Puten- und Gänsehaltung ist zu beachten, dass beide Geflügelarten große Weideflächen belaufen und abfressen möchten.

Bei Neueinsaaten von Ausläufen nimmt man spezielle Gras- und Kräutermischungen für Geflügelausläufe. Es empfiehlt sich bei schweren Böden folgende Mischung: Wiesenrispe, Deutsches Weidelgras, Rotschwingel, Weißklee und Rispengras. Auf leichten Böden kann man folgendes Gemisch verwenden: Wiesenrispe, Deutsches Weidelgras, Weißklee, Wiesenschwingel und Rotschwingel.

Schwimmgewässer

Der Bedarf an Schwimmgelegenheit ist allerdings unterschiedlich ausgeprägt. So gibt es Schwimmvögel, die mehr, und andere, welche weniger baden möchten. Ei-

Zuchtrasse: Pommernenten im Grünauslauf

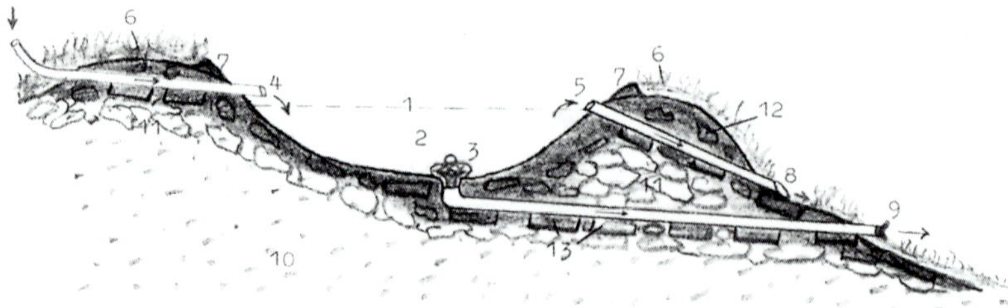

1. Beispiel für einen Zierententeich aus Beton (im Querschnitt)

1 = Wasseroberfläche (beachte die Höhen von Zu- und Abfluss!).
2 = Wasser.
3 = Abfluss mit abnehmbarem Verschluss.
4 = Wasserzufuhr (Regen-, Brunnen- oder Leitungswasser, je nach Bedarf).
5 = Wasserüberlauf, dieser verhindert ein „Überlaufen" des Teiches.
6 = Grasbewachsene Muttererde, zur Anpflanzung Grassoden benutzen.
7 = Betonvorsprung, damit kein Mutterboden in den Teich fällt. Er ermöglicht einen Bewuchs der äußeren Umrandung (6).
8 = Mündung des Überlaufs, möglichst auf einen flachen Stein, um eine Unterspülung der Grasnarbe zu vermeiden.
9 = Verschließbare Mündung des Abflusses. Eventuell mit einem Schraubverschluss, dessen Gewinde auch zum Gartenschlauch passt. So ist eine Verteilung des verschmutzten Teichwassers besser möglich, wenn es an bestimmten Stellen zur Düngung eingesetzt werden soll.
10 = Erde, möglichst Füllsand. Fest verdichtet.
11 = Steine und Sand, fest verdichtet.
12 = Betonschicht, durch Drahtgeflecht verstärkt.
13 = Größere Steine mit glatten Oberflächen dienen als Stabilisatoren für die Rohre. Beton unterstützt das Ganze.

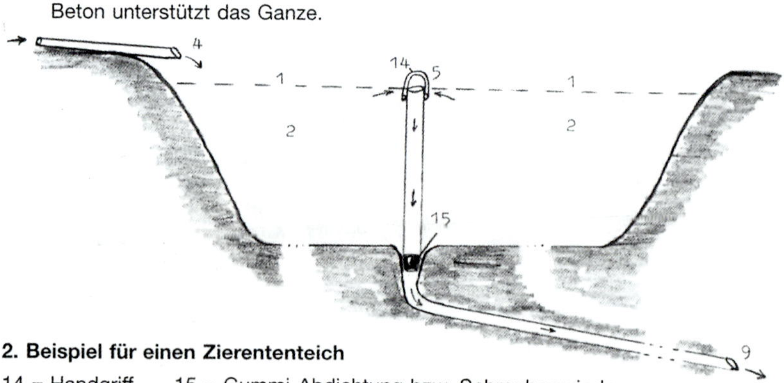

2. Beispiel für einen Zierententeich

14 = Handgriff   15 = Gummi-Abdichtung bzw. Schraubgewinde

Bei beiden Beispielen bietet es sich an, bereits vorhandene Hanglagen oder Erhebungen im Gelände als Teichstandort vorteilhaft zu nutzen. So erhält die Abflussleitung ausreichendes Gefälle.

nige Gänse- oder Entenarten kann man „trockener“ halten als andere, zum Beispiel Warzenenten und Höckergansrassen.

Bei allen Wasservögeln bleibt das Gefieder nur dann in voller Pracht, wenn die Vögel häufig oder dauernd aufs Schwimmwasser können. Auch die Befruchtung ist bei den Bruteiern dann günstiger.

Winterhartes Wassergeflügel kann auch bei Kälte wintertags aufs Schwimmwasser gelassen werden, wenn dieses noch eisfrei ist, sodass die Tiere vor Räubern Schutz suchen können. Es kann vorkommen, dass die Vögel dann, wenn sie aus dem Wasser gestiegen sind und auf dem Eis ruhen, mit den empfindlichen Schwimmhäuten anfrieren und hilflos werden. Ebenso können kleine Entenarten auf dem Marsch zum und vom Schwimmwasser bei Schnee in tiefen Schneelöchern versinken. Die Tiere können sich dann aus eigener Kraft nicht mehr befreien. Ein Nachzählen im Stall und bei Bedarf eine Nachsuche sind also wichtig. Bei zugefrorenen Gewässern im Winter kann man winterhartes Wasserziergeflügel ohne Weiteres ins Gehege lassen. Die Kälte macht den Tieren wenig aus.

Weiher im Garten mit einer Tiefe zwischen 70 bis 100 cm sind für Gründel- und Tauchenten geeignet.

Folienteiche sind unzweckmäßig, weil die Enten sie mit Schnäbeln und Krallen beschädigen und diese dann undicht werden. Daher sind Kunstteiche aus Beton vorzuziehen.

An einer Seite müssen diese einen flachen Ein- und Ausstieg haben. Ferner benötigen Schwimmteiche ein Abflussrohr mit Überlaufrohr von etwa 8 cm Durchmesser. Oben ist ein durchlöcherter Filter, unten ein Gewinde, welches an der tiefsten Teichstelle zum einbetonierten Abflussrohr führt. Die Gewinde bestehen aus nicht rostendem Messing. Der Abfluss führt zur Sickergrube. Das Überlaufrohr verhindert ein Überlaufen des Teiches bei schweren Regenfällen, das Sieb verhindert Verstopfungen mit Blattwerk und Abfällen.

Die schnelle Verdauung der Wasservögel macht es nötig, das Teichwasser oft abzulassen. Dann können die Teichwände abgeschrubbt und abgespritzt werden, das Frischwasser wird neu eingelassen. Um den Teich herum beziehungsweise am Ein- und Ausstieg sind Drainagen und Steinplatten gelegt, sodass hier kein „Sumpfgelände“ entsteht. Kiesel und Sand lassen das Spritzwasser rasch versickern. An anderen Stellen kann der kleine Schwimmteich mit Koniferen bepflanzt werden, welche die Tiere nicht befressen. Sonst helfen Drahtgeflechte, die Vögel vom Verzehren der Anpflanzungen abzuhalten.

Bei *natürlichen Gewässern* drohen auch Gefahren, wenn Hochwasser herrscht. Man sollte die Tiere dann einsperren.

Künstliche Weiher werden gewöhnlich im Winter abgelassen. Ist das nicht der Fall, so muss man, um die Mauer- oder Betonränder vor dem Eis zu schützen, ein Holzkreuz oder Styropor aufs Wasser geben, damit dieses Material den Eisdruck aufnimmt. Künstliche Teiche sind so zu bauen, dass sie unten leicht abgelassen werden können. Sie werden dann gereinigt und frisch aufgefüllt. Im Sommer sollte das häufig gemacht werden. Besteht keine Möglichkeit, einen Teich einzurichten, helfen auch große Badegefäße, die allerdings ebenso häufig ausgegossen, gereinigt und frisch mit Wasser aufgefüllt werden müssen.

An windgeschützten Ufern legt man dicke Strohlagen hin, damit die Vögel wintertags dort ausruhen können. Wetterhartes Wasserziergeflügel im Freilauf liebt solche Unterlagen zum Sitzen.

Falls nur in einem Gehege gebadet werden kann, also etwa bei Zierschwimmvögeln, so sollte für Spritzwasserablauf gesorgt sein. Wenn die Badegelegenheiten in den Wassergeflügelstall oder ins Schutzhaus gestellt werden müssen, ist ebenfalls durch Wasserabzug für Bodentrockenheit zu sorgen. Man kann auch die Badegefäße auf Gitter und Roste stellen, unter denen das Spritzwasser aufgefangen oder abgeführt wird. Ähnliches gilt auch dann, wenn Wasservögel ihre Nahrung mit viel Trinkwasser aufnehmen.

Am Schwimmwasser ist sehr wichtig die Pflege der Ein- und Ausstiege, weil diese durch Benutzung, Hochwasser und Eisgang häufig beschädigt werden. Schadhafte Wasserzugänge aber bedeuten für das Wassergeflügel immer die Gefahr von Laufverletzungen.

Versuche ergaben, dass Teiche, die mit Karpfen und Schleien besetzt waren, bei Entenbesatz erheblich mehr Fischertrag brachten.

Besonders den kleinen Jungtieren drohen am Schwimmwasser Gefahren durch große Fische, Amphibien und Beutegreifer.

Gänse am Schwimmwasser

Sauberkeit und Hygiene

Die Reinlichkeit der Ställe und sonstigen Anlagen, natürlich auch des Schwimmwassers in künstlichen Teichen und Badegelegenheiten, ist das oberste Gebot in jeder Tierhaltung und wird natürlich auch vom Tierschutzgesetz her gefordert. Die tägliche Entfernung der Tierausscheidungen an den Schlafplätzen, das Entfernen der Ausscheidungen auf den Stall- und Schutzhausböden oder Gehegen, das häufige Wechseln von Einstreu und Nesteinlagen gehören dazu. Durch die tägliche und häufige *Reinigung* werden ebenfalls Infektionsquellen ausgeschaltet; denn Keime, Erreger, Außenparasiten und Lästlinge befinden sich im Staub, in der Einstreu und im Stallschmutz. Daher ist es wichtig, dass alle Anlagen möglichst fugenfrei und glatt gebaut sind, um keine Verstecke zu gewährleisten, andererseits, um gut reinigen zu können. Die *Desinfektion* soll Krankheitserreger, die *Desinsektion* oder Entwesung soll Außen- oder Ektoparasiten und Lästlinge vernichten.

Neben der Trockenreinigung unterscheidet man die *Nassreinigung* mit Wasser und ungiftigen Reinigungsmitteln. Der Entseuchung oder Entwesung müssen die Trockenreinigung und die anschließende Nassreinigung vorangehen. Ihr Erfolg hängt von der Sauberkeit und der Oberflächenbeschaffenheit der Flächen und Gerätschaften ab, von der Widerstandskraft der Erreger, von der Art, Konzentration und Einwirkungszeit der eingesetzten Mittel sowie von der Temperatur. Man unterscheidet dabei physikalische und chemische *Desinfektionsmittel.* Zu beachten ist die keimtötende Wirkung des Sonnenlichtes: Bestreicht dieses die Böden von Ställen, Schutzhäuschen und Volieren, so werden viele Erreger schon nach kurzer Zeit vernichtet. Pilzsporen, Bakterien,

Oozysten, Wurmeier und Erreger im Stallstaub, in Feuchtigkeit und Kot werden dabei jedoch nicht vernichtet. Ektoparasiten und Insekten werden mit Insektiziden in Pulverform und als Spritzmittel oder mit Räuchermitteln abgetötet. Bei allen ausgebrachten Mitteln sind die Gebrauchsanweisungen zu beachten und die Tiere unter Umständen auszusperren. Futtermittel, Grit, Tränken usw. sind vor dem Mitteleinsatz zu entfernen.

Alle Futtermittel sind vor *Nagern* zu schützen, weil diese nicht nur vom Futter fressen, sondern auch Kot und Urin hier hinein abgeben. Dadurch werden die Futtermittel unbrauchbar; denn mit den Ausscheidungen können auch krank machende Keime abgegeben werden. Ebenso dürfen niemals *Wildvögel* ans Futter gehen oder die Tränken benutzen.

Ferner kann Wildvogelkot, abgesetzt in Gehegen oder Ställen, Krankheitserreger bergen. Erreger können durch die Luft, mit Personen, ihrer Kleidung und ihrem Schuhwerk übertragen werden.

Tiere, die von Ausstellungen zurückkehren, und alle Neuerwerbungen sind stets in Quarantäne zu setzen und zu beobachten. Das Einschicken von *Kotproben* ist in solchen Fällen empfehlenswert, wie man überhaupt von Zeit zu Zeit Sammelkotproben an Tierärzte oder Institute einsenden sollte, um vorbeugend und in Verdachtsfällen sogleich handeln zu können.

Natürlich muss auch alles *Futter einwandfrei* sein.

Häufige Ansteckungsquellen sind die *Tränken:* Wenn ein krankes Tier trinkt, kann es sogleich Keime ins Wasser abgeben, welche später andere Tiere, die davon trinken, erkranken lassen.

Aufzuchthygiene, die Hygiene bei Brütern und beim Zuchtgeflügel ist unumgänglich. Gewisse Erreger können, wie bereits erwähnt, auch über die Alttiere und das Ei übertragen werden. Mit geschwächten Alttieren kann man niemals eine hoffnungsvolle Zucht beginnen. Wenn Alttiere längere Zeit in dumpfen, feuchten Gelassen sitzen, wird ihre Gesundheit allgemein heruntergesetzt, sie werden schwächlich und anfällig.

Überbesetzte Anlagen führen allgemein leicht zu Krankheiten bei den Insassen. Daher ist die schnelle Verminderung hoher Jungtierzahlen ebenso wichtig wie die Beschränkung in der Tieranzahl allgemein.

Ältere *Ausläufe* sind häufig hoch keimbelastet. Hier kann nur Abhilfe durch Abtragen von verbrauchten Böden geschaffen werden. Dann kommt frisches, unbelastetes Erdreich auf die Flächen; es wird neu eingesät. Ausläufe, die von Alttieren belaufen wurden, sind wegen der zu befürchtenden hohen Keimbelastung für Junggeflügel nicht zuzulassen.

Weil heute infolge des Klimawandels viele *Insekten* keine oder nur eine verkürzte Winterruhe einhalten, sollte die Insektenbekämpfung in Stallanlagen ganzjährig durchgeführt werden. Insekten können krank machende Keime übertragen.

Zusammenstellung der Paare und Zuchtstämme, Nester

Auch beim Wasserziergeflügel sind *Paare oder Zuchtstämme* rechtzeitig zusammenzustellen und aneinander zu gewöhnen.

Die meisten Arten bauen kein Nest im eigentlichen Sinn, sondern suchen einen geeigneten Nistort in Wassernähe und tragen die hier vorhandenen Niststoffe ein, soweit sie in Schnabelreichweite vorhanden sind. Höhlenbrütende Arten suchen nach entsprechenden Nistmöglichkeiten.

Nistorte sind Ufergebüsche, Schilfdickichte, kleine Inseln, Baumhöhlen. Hier wird dann ausgemuldet. Am besten sondert man Brutpaare ab. Mit Sichtschutzmatten kann abgeblendet werden. In Gehegen sollte man die Brutstellen überdachen, um Wetterschutz zu bieten. Früh brütende Arten aus warmen Gebieten sperrt man am besten ins Schutzhaus. Sollen die Küken samt ihrer Mutter sofort Wasserauslauf bekommen, so ist vorzusorgen. Auf natürlichen Weihern suchen die Küken dann sogleich nach tierischer und pflanzlicher Nahrung, was von Vorteil ist.

Bei *natürlicher Brut* erhält das Wasservogelküken durch seine Mutter bereits so viel an Fettigkeit durch das Anschmiegen im Gefieder der Alten, dass es nicht ertrinkt. Anders aufgezogene Küken kann man mit einem Läppchen und ein wenig Fett einreiben. Sie müssen erst lernen, sich selbst einzufetten. Beim Baden in flachen Schälchen lernen das die Kleinen alsbald.

Als *Ammen* kann man Hausenten und Zwerghühner einsetzen.

Brut und Aufzuchtfutter

Wenn man eine *Hühnerglucke* setzt, so ist diese *„Naturbrut“* feucht zu halten. Unten in die Brutkiste kommt ein festes, angefeuchtetes Stück Torf, welches in der Mitte muldenartig ausgehöhlt ist. Dann kommen Heu und Blätter darauf. Wenn die Glucke frisst, so wird zweimal in der Woche der

Aufzuchtkisten, -boxen oder -käfige erleichtern dem Züchter die Arbeit.

Torf mit einem Zerstäuber frisch angefeuchtet. Nach der ersten Brutwoche feuchtet man die Eier mit lauwarmem Wasser an. Wenn die Glucke nicht mehr sicher sitzen will, kann man das ganze Gelege noch kurz vor dem Schlupf in den Brutapparat geben. Wenn das Gelege jedoch von der Glucke zuverlässig weiter bebrütet wird und schließlich die jungen Schwimmvögel geschlüpft sind, muss die Glucke noch etwa einen Tag auf den Tierchen sitzen bleiben, bis diese abgetrocknet sind. Nun setzt man Amme und Küken in einen *Aufzuchtkasten* von etwa einem Meter Länge, einem halben Meter Tiefe und ebensolcher Höhe. Der Boden sollte mit Häcksel belegt werden. An diesen Aufzuchtkasten schließt sich der umdrahtete Auslaufteil von etwa 2 m Länge an. Wenn alles ins Freie kommt, versetzt man den Auslauf samt Aufzuchtkasten täglich, damit die Jungen auf frische, unbelaufene Auslaufteile kommen.

Entenküken, die von Hühnerglucken aufgezogen werden, können ertrinken, weil sich ihr Gefieder vollsaugt. Daher bekommen sie zuerst nur eine flache Schale mit Trinkwasser und Steinbeschwerung.

Bei *Kunstbrut* bekommen Anatideneier zuerst 50 bis 70 % Luftfeuchtigkeit und werden vom 4. bis zum 11. Bruttag täglich mit einem Zerstäuber und lauwarmem Wasser besprüht. Dieser Vorgang wird vom 12. bis zum 19. Bruttag täglich zweimal, vom 20. Bruttag an dreimal täglich wiederholt. Am 27. und 28. Bruttag kann noch öfter besprüht werden. Auf diese Weise werden zwischen 70 und 90% Luftfeuchtigkeit erreicht. Das Wenden geschieht wie bei Hühnereiern. Neuere Brutapparate können entsprechend eingestellt werden. Sie wenden dann auch stündlich. Die dickeren Eischalen verhindern einen schnellen Luftaustausch, sodass etwas länger gelüftet werden kann.

Gänseeier benötigen 30 bis 31 Tage bis zum Schlupf der Gössel. Sie werden wie die zuvor behandelten Enteneier erbrütet.

Sind die Küken und Gössel nach dem Schlupf abgetrocknet, so kommen sie ins *Kükenheim*. Das kann eine mit Strahlern beheizte Kiste, aber auch ein Kükenring sein. Aufzuchtkisten können beispielsweise über einen Warmraum von einem Meter Länge und über einen Kaltraum von zwei Metern Länge verfügen. Die Höhe kann etwa 60 cm betragen.

Bezüglich der *Fütterung* ist festzustellen, dass viele Entenarten Allesfresser sind. Jahreszeitlich wird unterschiedlich mehr pflanzliche oder mehr tierische Nahrung verzehrt. Gänse, Schwäne und einige Glanzenten fressen nur oder überwiegend pflanzliche Nahrung. Einige Entenarten verzehren wiederum nur animalische Nahrung, etwa Sturzbachenten. Unsere heimische Stockente frisst – je nach Jahreszeit – mal mehr Pflanzennahrung, dann wieder mehr animalische Kost.

Futtergemische für Wasserziergeflügel können aus 1 Teil gekochten Kartoffeln, 3 Teilen eingeweichtem Brot, 2 Teilen gequetschter Gerste, 1 Teil gequetschtem Mais, 1 Teil Weizenkleie, 1 Teil Fischmehl und dazu etwas Futterkalk, Grit und Holzkohle bestehen. Im Sommer gibt man noch Grünfutter dazu, wintertags gekochte Mohrrüben.

Entenarten, die animalische Kost benötigen, erhalten Garnelenschrot und zerkleinerten Fisch. Aber auch Pressfutter als Alleinfutter kann heute bezogen und verfüttert werden. Gerade für den Anfänger in der Ziergeflügelhaltung sind solche Futtersorten zu empfehlen.

Für Grasfresser muss ausreichend Weidefläche zur Verfügung stehen. Dies betrifft vor allem Wildgansarten. Es kann etwas Körnerfutter zugefüttert werden.

Entenküken können in den ersten Lebenstagen mit Entenküken- oder Putenkükenstarterfutter mit 16 bis 18 Prozentanteilen Protein hochgebracht werden. Das Futter wird feucht und etwas krümelig gereicht. Dazu können noch Quark, Eigelb und zerhacktes Grünfutter gegeben werden. Auch wird Grit und Futterkalk gereicht. Als bewährtes Naturfutter gilt Entengrütze (Lemna), die sogar als Wasserpflanze im Kaltkeller länger im Winter hindurch gelagert werden kann. Sonst kommen als *Aufzuchtfutter* fein geschnittene Grünfuttermittel, Wasserlinsen, Ameisenpuppen, klein geschnittenes Fleisch, Mehlwürmer und kleine Wassertierchen in Betracht. Frisches Trinkwasser muss in geeigneten Gefäßen bereitgestellt werden. Spritzwasser ist zu vermeiden. Trockenheit im Aufzuchtstall ist geboten!

Ein gutes Hilfsmittel zur Futteraufnahmeanleitung stellt es dar, wenn man eine Dose mit Wasser, die unten ein Loch hat, über das Futtergefäß hängt und Tropfen auf den Wasserspiegel fallen lässt, sodass sich alles bewegt und für die Küken interessant wird. Auch beigegebene Hausentenküken können den Wildentenjungen das Fressen vormachen und zu diesem Zweck zugesetzt werden.

Nicht ganz einfach ist es, die Kleinen zur Futteraufnahme zu bewegen. Die Wildentenküken werden nämlich durch bewegliches Futter zum Aufnehmen der Futterteilchen angeregt. Deswegen kann man flache Schalen mit Wasser nehmen und auf die Oberfläche Alleinfutter für Entenküken streuen.

Auf Küken lauern viele Gefahren am und im Wasser, so Frösche, Fische, allerhand Vögel und vierbeinige Beutegreifer. Sonstige Gefahren bei der Aufzucht sind Düngemittel und Pestizide, Salmonellen sowie Aspergillose.

Gesunderhaltung des Geflügels

Gesundes Ziergeflügel

Nur dann, wenn der Geflügelfreund über einen gesunden Tierbestand verfügt, wird er an den Tieren seine Freude haben. Deshalb muss alles darangesetzt werden, die Tiere gesund zu erhalten. Die regelmäßige Beobachtung, Wartung, Fütterung und vor allem das Sauberhalten der Anlagen sind daher unumgänglich. Zugleich müssen Insekten und Nager bekämpft werden. Von höchster Bedeutung ist das Stallklima mit einer guten Belüftung und Bodentrockenheit. Dumpfe, feuchte Stallluft ist in jedem Fall zu verhindern.

> Neu erworbene Tiere und solche, die von den Schauen zurückkehren, sind mindestens zwei Wochen oder länger unter Quarantäne zu halten, wobei man während dieser Zeit auch Kot- und Blutproben untersuchen lassen kann.

Von Bedeutung ist ferner die laufende Kontrolle des ganzen Tierbestandes. Bei Bedarf und Verdachtsmomenten können auch gelegentliche Laboruntersuchungen veranlasst werden.

Müssen Tiere verschickt werden, so darf das nur in artgerechten, einwandfreien *Versandbehältern* geschehen. Der alte Spruch heißt nicht umsonst: *Vorbeugen* ist besser als Heilen. Man könnte noch anfügen: Die Vorbeugung ist weniger aufwendig und vor allem auch billiger. Ein Stall ist im Grunde genommen rasch gesäubert und desinfiziert. Auch alle Gerätschaften und Einrichtungsgegenstände der Anlagen können schnell und gründlich gesäubert und anschließend desinfiziert werden. Umgekehrt ist allerdings das Heilen erkrankter Tiere oder gar des gesamten Bestands oftmals schwierig, zeitraubend und umständlich. Hinzu kommen natürlich noch die Kosten.

Gesundes Geflügel ist munter, es läuft, frisst, schwimmt und zeigt sein artübliches Verhaltensinventar. Die Vögel sind sauber, zeigen blanke Augen und sind – je nach Temperament und Veranlagung – zutraulich und zahm oder zurückhaltend. Flugtüchtige Arten fliegen gerne. Die Tiere sonnen sich, lassen sich einregnen oder baden. Auf den Schwimmteichen geht es munter zu: Die Wasservögel schwimmen und tauchen, sie stehen aus dem Wasser auf, sodass beim Schütteln des Gefieders Tausende Brillantperlen in der Sonne aufzublitzen scheinen. Das Gefieder gesunder Vögel zeigt auch die wunderbaren Farbtöne, die pastellhaften Übergänge der Zeichnungen und den glänzenden Farbenschmelz oder die zarten Farbtönungen der verhaltenen Farbabstufungen. Auf Außenreize reagieren die Tiere sofort.

Beim Wassergeflügel spielt die Gefiederpflege eine bedeutende Rolle: Beim täglichen Bad darf das Gefieder nicht vernässen. Es wird darum häufig mit dem Sekret der Bürzeldrüse eingefettet. Stumpfes, sprödes Gefieder zeigt an, dass die Bürzeldrüse womöglich nicht arbeitet. Sie ist

Gefiederpflege bei Stockenten auf Schwimmblättern

dann zu überprüfen. Glanzloses, struppig wirkendes Federkleid weist Wasserziergeflügel auf, dem Bade- und Schwimmmöglichkeiten fehlen.

Alles gesunde Geflügel zeigt wache, glänzende Augen und blickt stets aufmerksam drein.

Krankes Ziergeflügel

Ziergeflügel kann von Bakterien und Viren heimgesucht werden, von Parasiten, Pilzinfektionen und Stoffwechselkrankheiten. Natürlich können sich die Tiere auch vergiften. Schließlich zeigen sie gewisse Untugenden, die man auch als Verhaltensstörungen benennen kann. Nicht selten kommen Verletzungen aller Art vor.

Untugenden wie das Federpicken und Federfressen werden als Kannibalismusvorstufe angesehen. Anscheinend liegt das in den Genen, sodass man diejenigen Tiere, die dies praktizieren, merzen sollte. Als weitere Ursachen werden Überbesatz der Aufzuchtanlagen und eine zu hohe Temperatur bei geringer Luftfeuchte angesehen. Gute Haltungsumstände, Rotlicht bei der Aufzucht, das Bestreichen der verletzten Körperstellen mit Aloetinktur, Holzteer und Antipicksprühmitteln können helfen.

Zum *Eierfressen* führen oftmals zu spät eingesetzte Legenester, zu wenige Legenester für Hennen oder die Brüchigkeit der Eierschalen wegen mangelhafter Kalziumzufuhr.

Vergiftungen kommen vor, wenn das Geflügel Giftweizen frisst, der für Schadnager bestimmt ist. Auch Holzschutzmittel, Beizmittel für das Saatgut, unsachgemäß gereichte Arzneimittel, Mykotoxine in Futtermitteln und Pestizide können solche Vergiftungen auslösen. Vorsicht ist daher geboten, weil die Gifte oft nur umständlich und aufwendig nachgewiesen werden können. Der Versand der toten Vögel muss umgehend geschehen. Hat man irgendwelche Stoffe im Verdacht, welche die Vergiftung ausgelöst haben könnten, sendet man diese gesondert mit an Untersuchungsinstitute.

Bei *Verletzungen*, Brüchen usw. tut man gut daran, den Tierarzt mit dem Tier aufzu-

Die Schwarzkopfkrankheit bei Truthühnern ist ein schwerer Schlag für die Züchter.

Frostschäden bei einer Ente

suchen. Das sollte jedes Mal umgehend geschehen, weil meistens mit ärztlicher Hilfe viel getan und dem Tier Leid erspart werden kann.

In den Tropen sind es vor allem Insekten, welche *Infektionskrankheiten* auf Menschen übertragen. Zudem gab es in der Neuen Welt nur wenige Haustierarten. Als daher die Europäer nach Amerika und Ozeanien eindrangen, wirkten die mitgebrachten Krankheiten verheerend bei der Urbevölkerung, weil diese keine Immunität gegen die eingeschleppten Seuchen besaß.

Heute werden weltweit, vor allem in den Tropen, die Urwälder abgeholzt. Dadurch sind viele Tierarten, besonders die Nager, gezwungen, ihre angestammte Heimat zu verlassen. Sie wiederum bringen Krankheitserreger mit, die von ihnen selbst

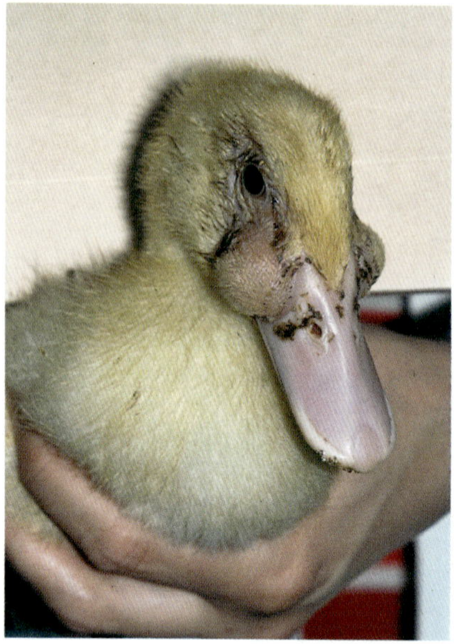

Verdickungen der Nasennebenhöhlen

oder durch andere Einflüsse auf Menschen übertragen werden, sodass „neue" Krankheiten bei der Bevölkerung aufkommen, gegen die es keine Immunität gibt.

Weil es durchaus vom Geflügel auf den Menschen *übertragbare Krankheiten* gibt, ist die notwendige Hygiene (z. B. Händewaschen) strikt einzuhalten, wenn man mit den Vögeln umgeht. Ferner ist beim Auftreten von unerklärlichen Krankheitsfällen beim Tierhalter stets der Arzt auf die Tierhaltung aufmerksam zu machen.

Tabelle der wichtigsten Geflügelkrankheiten

Krankheitsbezeichnung	Befall	Anzeichen/ Übertragung	Behandlung/ Heilung
Pullorum/ Weiße Kükenruhr Erreger: Salmonella pullorum	Hühner	Weißer Kot von Küken, Atemnot; Übertragung durch Brutei über Atemwege	Blutuntersuchung, Merzen der Ausscheider; nur aus pullorumfreien Beständen Tiere erwerben
Salmonellose Erreger: Salmonellenarten	alles Geflügel, andere Tiere, übertragbar auf Menschen	Durchfall, Abmagern; Übertragung oft durch Futter	vorbeugende Impfung, Merzen der befallenen Tiere
Aspergillose Erreger: Schimmelpilze im Futter und in feuchter Streu	alles Geflügel, Tauben	Atemnot, Befall von Lunge und Luftsäcken	Behandlung kaum möglich
Kokzidiose, Rote Kükenruhr Ursachen: Kokzidienarten; beim Wassergeflügel teils noch unbekannte Arten	Geflügel, Tauben, hohe Küken- und Gösselverluste	Parasiten in Darm und Organen; Übertragung durch Futter, Wasser, Nager, Insekten	Impfung als Vorbeugung; Kokzidiostatika, die oft gewechselt werden müssen
Marek'sche Krankheit Ursache: Virus	Geflügel	Viren befallen Nerven usw., dadurch Lähmungen	Impfung von Eintagsküken
Klassische Geflügelpest Erreger: Variables Influenzavirus	Geflügel, andere Tiere, Mensch	Atemstörungen, Durchfall, Verdrehen des Kopfes; Einschleppung durch lebende oder tote Vektoren (Überträger); Zugvögel	Merzen der Bestände; Vorbeugung: Stallpflicht
Newcastle-Krankheit Erreger: Virus	Hühner, Puten, Tauben	Durchfall, Kopfverdrehen, Atemnot	Impfung von Puten und Hühnern ist Pflicht
Würmer Parasiten: Haar-, Platt- und Spulwürmer	alles Geflügel, Tauben	Darmschädigung; Übertragung durch Zwischenwirte (Insekten, Schnecken), Futter, Wasser bzw. ohne Zwischenwirte; Abmagern, Todesfälle	Kotdiagnose, Breitbandanthelmintika

Krankheits-bezeichnung	Befall	Anzeichen/ Übertragung	Behandlung/ Heilung
Ektoparasiten Flöhe, Zecken, Milben, Federlinge	alles Geflügel, Tauben	Sauger und Lästlinge, Eingraben unter Lauf- und Fußschuppen	Einstäuben, Aerosole; Wiederholung nötig, da Eier nicht vernichtet werden; Kalkbeinmilben: Borken lösen, dann Präparate ausbringen
Schwarzkopfkrankheit der Puten Erreger: Sprosspilz	Puten	Durchfälle, blauschwarz gefärbte Kopfteile; Übertragung durch Bruteier, Altputen	Medikamente
Gelber Knopf Erreger: Geißeltierchen	Tauben	Schnabel-, Rachenraum bedeckt mit gelbem Belag; Übertragung durch Alttauben beim Füttern der Jungen	Medikamente, vor allem vorbeugend
Reovirusinfektion Erreger: Reovirus	Moschus-, Warzenente	Bewegungsschwierigkeiten, Durchfall, Verenden	Antibiotika für Sekundärinfektionen
Gänsesterbe Fressen von Kraut	Gänse, Wassergeflügel	Fressen von Bleichem Schöterich (Erysimum crepidilolium): Vergiftungen; ebenso: Wolfsmilchgewächse	Beseitigung des Krautes Beseitigung
Tuberkulose, Vogeltuberkulose Mykobakterium	Vögel, Wasser-ziergeflügel	Schwäche, Lahmen, Durchfälle, Hängeflügel	Bestand merzen, Desinfektion
Aviäre Influenza Erreger: Influenzaviren	Vögel, Wasservögel	Apathie, Tränen- und Nasenfluss, selten Durchfälle	keine Behandlungsmöglichkeiten; Wildvogelabwehr
Paramyxovirusinfektion Erreger: Paramyxoviren	Tauben; sonst: Newcastle beim Geflügel	Schwere Allgemeinerkrankung, nervöse Störungen – siehe dort	vorbeugende Impfung der Tauben

Wichtige Anschriften

Verbände

Bund Deutscher Rassegeflügelzüchter (BDRG), Präsident:
Wilhelm Riebniger,
Oststraße 1
59555 Lippstadt

Verband zur Arterhaltung von Zier-/Wildgeflügel (VZI), 1. Vorsitzender:
Günter Meyer,
Am Krummen Arm 8
28879 Grasberg

Vereinigung für die Zucht und Erhaltung einheimischer und fremdländischer Vögel e. V. (VZE),
Geschäftsstelle
Bornaische Straße 210
04279 Leipzig

Deutscher Tierschutzbund e. V.,
Baumschulallee 15
53115 Bonn

Zeitschriften

HK Geflügelzeitung, Berlin,
erscheint 14 tägig

Freude mit der Kleintierzucht (ÖKZ),
A-4921 Hohenzell,
erscheint monatlich

Tierwelt, Zofingen/Schweiz,
erscheint wöchentlich

VZE Vogelwelt, Spremberg/Lausitz,
erscheint monatlich

Geflügel-Börse, Germering,
erscheint 14-tägig

Das Grüne Jahrbuch (Geflügel).
Verlag Oertel+Spörer
(erscheint Anf. Oktober)

Museen

Thüringer Geflügelmuseum,
Hügelstraße 3a
98547 Viernau

Deutsches Taubenmuseum,
Schießplatzstr. 40
90469 Nürnberg

Fachliteratur

Verschiedene Prospekte über lieferbare Fachliteratur und Neuerscheinungen:
Oertel+Spörer Verlags-GmbH + Co. KG,
Beutterstr. 10
72764 Reutlingen

„Schwanenparade“

Literaturverzeichnis

Berthold, Peter: Vogelzug. 5. Aufl., Darmstadt 2007

Bettmann, Helmut: Wildtauben. BLV-Verlag, München 1973

Bezzel, E.: Wildenten. BLV-Verlag, München 1972

Blume, Dieter: Ausdrucksformen unserer Vögel. Lutherstadt Wittenberg 1967

Boetticher, Hans von: Fasanen, Pfauen, Perlhühner. 11. Aufl., Verlag Oertel+Spörer, Reutlingen 2005

Bohn-Förder, Marion: Liebenswerte Langhälse. Über den artgerechten Umgang mit Gänsen. Cadmos, Schwarzenbek, 2012

Clauss, Bjoern: Ente, Gans & Co. Praxis der Wassergeflügelhaltung. Leopold Stocker, Graz, 2012

Conring, Uwe: Stockenten, Mandarinenten, Brautenten. 2. Aufl., Verlag Oertel+Spörer, Reutlingen 2004

Der große Geflügelstandard in Farbe: Bd. 1–3. Oertel+Spörer, Reutlingen 2002, 2004, 2005

Deutscher Rassegeflügel-Standard: Hrsg. BDRG. Wiesbaden 1995

Doll, Paul: Die Geschichte der deutschen Zwerghuhnzucht, Oertel+Spörer, Reutlingen 1989

Dürigen, Bruno: Die Geflügelzucht. 1.–5. Aufl., Berlin 1886, 1906, 1921, 1923

Franz, O.: Wasser- und Wasserziergeflügel. Oertel+Spörer, Reutlingen 1981

Friedemann, K./Joppich, F./Krebs, W./ Lehmann, J./Nawoi, H./Schirwitz, G.: Unsere Kleintiere. Deutscher Landwirtschaftsverlag, Berlin 1970

Green-Armytage, Stephen: verrückte hühner. Verlag Oertel+Spörer, Reutlingen 2007

Grzimeks Tierleben: Deutscher Taschenbuchverlag, München 1980

Haberland, Wolfgang: Das gaben sie uns – Indianer und Eskimo als Erfinder und Entdecker. Museum für Völkerkunde, Hamburg 1975

Klinz, Eduard: Die Wildtauben Mitteleuropas. Lutherstadt Wittenberg 1955

Köhler, Dr. Dietmar: Wachtelhaltung. Verlag Oertel+Spörer, Reutlingen 2008

Kolbe, H.: Die Entenvögel der Welt. 4. Aufl., Neumann Verlag, Leipzig, Radebeul 1990

Kreuser, Heinrich: Leitfaden der Hühnerhaltung. Verlag Oertel+Spörer, Reutlingen 2006

Lenz, Harald Othmar: Zoologie der Griechen und Römer (1856). Nachdruck Wiesbaden 1966

Lüthgen, Dr. Werner: Hühnerkrankheiten. 5. Aufl., Verlag Oertel+Spörer, Reutlingen 2012

–: Wassergeflügelkrankheiten. Verlag Oertel+Spörer, Reutlingen 2002

Madge, Steve/Burn, Hilary: Wassergeflügel. Hamburg, Berlin 1989

Mark, van der R. R. P.: Tragopan. Woerden 1979

Möckel, Reinhardt: Die Hohltaube. Lutherstadt Wittenberg 1988

Mowat, Farley: Der Untergang der Arche Noah. Vom Leiden der Tiere unter den Menschen. Reinbek 1987

Meyer, Günter: 25 Jahre, Chronik des Verbandes der Ziergeflügelzüchter im BDRG e. V. Hettenrodt, 2004

Münst, Alois/Wolters, Josef: Tauben – Die Arten der Wildtauben. Bottrop 1989

Neunzig, Karl: Die Fremdländischen Stubenvögel. Creutz'sche Verlagsbuchhandlung, Magdeburg 1921

Nicolai, Jürgen: Tauben. Franckh'sche Verlagshandlung, Stuttgart 1969

Offizielle Grundlage für die Beurteilung von Ziergeflügel: Hrsg. BDRG. Hettenrodt 1986

Oldenettel, Johannes: Ziergeflügel halten. Ulmer, Stuttgart 1998

Oswald, Paul-Erwin: Unsere Gänse und Enten. 6. Aufl., Verlag Oertel+Spörer, Reutlingen 2006

Pluis, Jan/Stupperich, Erna: Die Lachtaube. Verlag Soltau-Kurier, Norden 1986

Popol Vuh: Mythos und Geschichte der Maya. Quiché-Maya. 2. Aufl., Düsseldorf und Köln 1980

Raethel, Heinz-Sigurd: Wasser- und Wasserziergeflügel, Verlag Oertel+Spörer, 5. Aufl., Reutlingen 2003

–: Hühnervögel der Welt. Neumann-Neudamm, Melsungen 1988

–: Wildtauben. Verlag Eugen Ulmer, Stuttgart 1980

–: Wachteln, Rebhühner, Steinhühner und Frankoline. Verlag Oertel+Spörer, 5. Aufl., Reutlingen 2013

Reber, Ulrich: Leitfaden der Taubenhaltung. Verlag Oertel+Spörer, Reutlingen 2008

Rösler, Gerhard: Die Wildtauben der Erde. 2. Aufl., Verlag M. u. H. Schaper, Alfeld, Hannover 1996

Rösler, Gerhard und Maria: Handbuch Spezialzuchtgemeinschaft Ziergeflügel und Exoten, Berlin 1987

Rudolph, W.: Die Hausenten. Verlag A. Ziemsen, Lutherstadt Wittenberg 1978

Ruß, Karl: Handbuch der Vogelliebhaber, -züchter und -händler, 2. Aufl., Verlag Carl Rümpler, Hannover 1878

Schmidt, Horst: Puten, Perlhühner, Gänse, Enten. Verlag Neumann-Neudamm, Melsungen 1989

Schmidt, Matthias: Geruchsorientierung bei Tauben. In: Naturwissenschaftliche Rundschau, Heft 4, 2011

Schmitt, Johanna: Der Ursprung der Infektionskrankheiten beim Menschen, in: Naturwissenschaftliche Rundschau, Heft 2/2008, Stuttgart

Schneider, Karl-Heinz: Gänsehaltung für jedermann. Verlag Oertel+Spörer, Reutlingen 2002

Schneider, Karl-Heinz: Gänsezucht und Gänsehaltung. Oertel+Spörer, Reutlingen 2010

Schöne, Fritz: Puten, Perlhühner und Pfauen. Verlag Oertel+Spörer, Reutlingen 2005

Scholtyssek, S./Doll, P.: Nutz- und Ziergeflügel. Ulmer-Verlag, Stuttgart 1978

Six, Armin/Müller, Bettina: Vererbung bei Hühnern und Wassergeflügel. Verlag Oertel+Spörer, Reutlingen 2007

Sperl, Theodor: Hühnerzucht für jedermann. 6. Aufl., Verlag Oertel+Spörer, Reutlingen 1999

Stach, Günter: Geflügelställe und Ausläufe. Verlag Oertel+Spörer, Reutlingen 2004

Steinke, Olaf: 100 Jahre Rasselgeflügelzucht in Baden. Lahr 1994

Unsere Zwerghuhnrassen: 3. Aufl. Hrsg. BDRG. Verlag Oertel+Spörer, Reutlingen 1980

Woog, Friederike: Die Farben der Vögel. In: Naturwissenschaftliche Rundschau, Heft 9/2007, Stuttgart

Wucherer, M. N. und Michiels, N. K.: Rote Fluoreszenz bei Korallenfischen. In: Naturwissenschaftliche Rundschau, Heft 1, 2009

Württemberg, Paul Wilhelm von: Reise nach dem nördlichen Amerika in den Jahren 1822 bis 1824. Wels o. J.

Ziergeflügelliste nach dem BDRG

Hühnerartiges Ziergeflügel (Z1)

Steißhühner
- Perlsteißhuhn

Hokkos
- Glattschnabelhokko

Perlhühner
- Grant-Perlhaubenhuhn
- Geierperlhuhn

Pfauen
- Blauer Pfau
- Schwarzflügelpfau
- Weißer Pfau

Truthühner
- Östliches Bronzetruthuhn

Edelfasane
- Colchi(si)scher Edelfasan
- Chinesischer Ringfasan
- Formosa-Ringfasan
- Korea-Ringfasan
- Mongolischer Ringfasan
- Nördlicher Buntfasan
- Tenebrosusfasan

Kragenfasane
- Goldfasan
- Gelber Goldfasan
- Dunkler Goldfasan
- Amherstfasan

Langschwanzfasane
- Sömmeringfasan
- Königsfasan
- Elliotfasan
- Burma-Humefasan
- Mikadofasan

Huhnfasane
- Prälatfasan
- Salvadorifasan
- Weißhaubenfasan
- Horsefieldfasan
- Nepalfasan
- Strichelfasan
- Südchinesischer Silberfasan
- Edwardsfasan
- Swinhoefasan
- Moffitfasan

Ohrfasane
- Weißer Ohrfasan
- Brauner Ohrfasan
- Blauer Ohrfasan

Wallichfasane
- Wallichfasan

Glanzfasane
- Gelbschwänziger Glanzfasan

Koklassfasane
- Koklassfasan

Blutfasane
- Nepal-Blutfasan

Pfaufasane
- Palawan-Pfaufasan
- Grauer Pfaufasan
- Brauner Pfaufasan

Satyrhühner
- Satyr-Tragopan
- Temminck-Tragopan

Raufußhühner
- Auerhuhn
- Birkhuhn

- Haselhuhn
- Alpenschneehuhn
- Schottisches Moorschneehuhn

Kammhühner
- Java-Bankivahuhn
- Cochinchina-Bankivahuhn
- Sonnerathuhn

Feldhühner
- Hügelhuhn
- Rebhuhn
- Bartrebhuhn
- Schwarzkopf-Steinhuhn
- Philby-Steinhuhn
- Chucar-Steinhuhn
- Alpensteinhuhn
- Rothuhn
- Klippenhuhn
- Chinesisches Bambushuhn

Frankoline
- Erckelfrankolin
- Halsbandfrankolin
- Indischer Wachtelfrankolin

Zahnwachteln
- Virginia-Baumwachtel
- Schuppenwachtel
- Douglaswachtel
- Gambelwachtel
- Kalifornische Schopfwachtel
- Berghaubenwachtel
- Montezumawachtel

Wachteln
- Frankolinwachtel
- Europäische Wachtel
- Japanwachtel
- Regenwachtel
- Harlekinwachtel
- Zwergwachtel
- Madagaskar-Perlwachtel
- Straußwachtel

Ziertauben (Z2)

Ringeltauben
- Ringeltaube
- Himalajataube

Columba
- Hohltaube
- Felsentaube
- Guineataube

Dendrotreron
- Oliventaube

Streptopelia
- Turteltaube
- Madagaskar-Turteltaube
- Halbmondtaube
- Türkentaube
- Perlhalstaube
- Gefleckte Perlhalstaube
- Hinterindische Perlhalstaube
- Senegaltaube
- Weinrote Halsringtaube
- Südostasiatische Weinrote Halsringtaube
- Östliche Weinrote Halsringtaube
- Lachtaube

Patagioenas
- Pikazurotaube
- Nacktaugentaube
- Antillentaube
- Fleckentaube

Leucosarcia
- Wongataube

Ocyphaps
- Schopftaube

Chrysauchoena
- Kupfernackentaube

Zenaidura
- Socorrotaube
- Carolinataube
- Ohrflecktaube

Zenaida
- Küstentaube

Phaps
- Bronzeflügeltaube
- Kleine Bronzeflügeltaube

Aplopelia
- Zimttaube

Chalcophaps
- Grünflügeltaube
- Australische Grünflügeltaube

Gallicolumba
- Celebes-Gelbbrust-Erdtaube
- Bartlett-Dolchstichtaube
- Dolchstichtaube

Geotrygon
- Jamaika-Erdtaube
- Rote Erdtaube

Nesopelia
- Galapagostaube

Columbigallina
- Rosttäubchen
- Mexikanisches Rosttäubchen
- Mittelamerikanisches Rosttäubchen

Oena
- Kaptäubchen

Geopelia
- Sperbertäubchen
- Sperlingstäubchen
- Gesellschaftstäubchen
- Timortäubchen

Tympanistria
- Tambourintäubchen

Comlumbina
- Perutäubchen

Turtur
- Stahlflecktäubchen
- Bronzeflecktäubchen

Stictopeleia
- Diamanttäubchen

Kuckuckstauben
- Bindenschwanz-Kuckuckstaube

Fruchttauben
- Prachtfruchttaube

Grüntauben
- Keilschwanz-Grüntaube
- Frühlingstaube

Wasserziergeflügel (Z3)

Schwäne
- Höckerschwan
- Schwarzer Schwan
- Schwarzhalsschwan
- Coscorobaschwan

Gänse
- Schwanengans
- Kurzschnabelgans
- Graugans
- Saatgans
- Blessgans
- Zwerggans
- Kaisergans
- Schneegans
- Zwergschneegans
- Streifengans
- Rothalsgans
- Kanadagans
- Dunkle Zwerg-Kanadagans

- Hawaiigans
- Weißwangengans
- Ringelgans

Halbgänse und Hühnergänse
- Blauflügelgans
- Rotkopfgans
- Graukopfgans
- Magellangans
- Andengans
- Orinokogans
- Nilgans
- Rostgans
- Brandgans
- Graukopfkasarka
- Australische Kasarka
- Paradiesgans
- Radjahgans
- Hühnergans

Pfeifgänse
- Kubapfeifgans
- Gelbe Pfeifgans
- Witwenpfeifgans
- Tüpfelpfeifgans
- Sichelpfeifgans

Glanzenten
- Höckerglanzgans
- Moschusente
- Mähnengans
- Mandarinente
- Brautente
- Rotschulterente
- Amazonasente

Gründelenten
- Schwarzente
- Chile-Pfeifente
- Europäische Pfeifente
- Amerikanische Pfeifente
- Baikalente
- Schnatterente
- Kamikazeente
- Sichelente
- Philippinenente
- Augenbrauenente
- Stockente
- Laysan-Stockente
- Kupferspiegelente
- Indische Fleckschnabelente
- Gelbschnabelente
- Spießente
- Kastanienente
- Chile-Spitzschwanzente
- Südamerikanische Löffelente
- Löffelente
- Australische Löffelente
- Neuseeländische Löffelente
- Marmelente
- Bahamaente
- Rotschnabelente
- Zimtente
- Blauflügelente
- Versicolorente
- Punaente
- Kapente
- Hottentottenente
- Knäkente
- Krickente
- Südamerikanische Krickente

Tauchenten
- Kolbenente
- Peposakaente
- Tafelente
- Halsringente
- Moorente
- Reiherente

Meerenten
- Eiderente
- Büffelkopfente
- Spatelente
- Schellente

Sägeenten
- Mittelsäger
- Kappensäger
- Zwergsäger